U0814655

# 110kV及以下变电站
# “运检合一”培训教材

国网浙江省电力有限公司德清县供电公司　组编

中国电力出版社
CHINA ELECTRIC POWER PRESS

## 内 容 提 要

本书共十章，包括概述、油浸式变压器、断路器、隔离开关、电流互感器、电压互感器、避雷器、并联电容器、继电保护以及变电站厂站自动化，突出运检人员应掌握的基础知识、故障处理、试验流程等，具有较强的针对性和指导性。

本书可作为“运检合一”模式下新入职人员学习了解设备构造、原理及基础知识的入门指导书，也可作为变电运检人员熟练掌握运维检修、试验及缺陷消除工作的参考书。

**图书在版编目（CIP）数据**

110kV 及以下变电站“运检合一”培训教材/国网浙江省电力有限公司德清县供电公司组编. —北京：中国电力出版社，2023.2

ISBN 978-7-5198-7268-7

Ⅰ. ①1…　Ⅱ. ①国…　Ⅲ. ①变电所－电力系统运行－检修－技术培训－教材　Ⅳ. ①TM63

中国版本图书馆 CIP 数据核字（2022）第 221791 号

---

出版发行：中国电力出版社
地　　址：北京市东城区北京站西街 19 号（邮政编码 100005）
网　　址：http://www.cepp.sgcc.com.cn
责任编辑：肖　敏（010-63412363）
责任校对：黄　蓓　郝军燕
装帧设计：郝晓燕
责任印制：石　雷

---

印　　刷：北京雁林吉兆印刷有限公司
版　　次：2023 年 2 月第一版
印　　次：2023 年 2 月北京第一次印刷
开　　本：787 毫米×1092 毫米　16 开本
印　　张：10.75
字　　数：238 千字
印　　数：0001—1500 册
定　　价：48.00 元

---

**版 权 专 有　侵 权 必 究**

本书如有印装质量问题，我社营销中心负责退换

# 《110kV及以下变电站“运检合一”培训教材》

## 编　委　会

主　　编　胡勇明

副 主 编　莫金龙

编写人员　孙先山　唐　明　周　平　蔡金明　俞京锋

王毅超　吴悦倩　郑　彧　陈　健　张　杰

王创典　胡佳磊　王佳铭　沈志航　肖凯文

倪俊杰　钱江怡　吴凤鸣　朱家立　高　泓

马　赟　曹力力　王新伟　刘高明　王翠梅

孟琦佳　徐　晟　林　娄　胡天瑜　何祥龙

张冰玉

# 前言

随着国民经济飞速发展和人民生活水平不断提高，电网规模随之扩大，对电力供应的要求也不断提高，这对输变电设备尤其是新型智能化变电站的传统运检模式而言是一次巨大的挑战，对广大变电运维检修人员的工作能力和职业素养也提出了更高的要求。

为进一步提升设备运行水平和运检工作效率，降低检修维护成本，实现“运检合一”模式已成为当今电力发展的必然趋势。“运检合一”模式通过对变电设备运行维护和检修工作进一步优化管控，将运维和检修工作结合起来，优化运检业务，有效解决了日常一线人员临时性缺员等问题，在一定程度上减小了队伍结构性缺失和断层的影响，促进了110kV及以下变电站运检人员的全融合及业务全流转，有效地提升了运检人员工作水平。

为加快构建变电设备主人体系，解放人力、释放效能，提升检修专业核心建设，打造“全科医生”+“专科医生”的协同运检模式，满足110kV及以下变电站运检人员工作所需，国网浙江省电力有限公司德清县供电公司（简称“国网德清县供电公司”）编写了《110kV及以下变电站“运检合一”培训教材》。

本书共十章，包括概述、油浸式变压器、断路器、隔离开关、电流互感器、电压互感器、避雷器、并联电容器、继电保护及变电站厂站自动化等方面的内容。本书以解决县域变电“运检合一”全业务融合的管理、实际运检工作产生的问题为目的，采用总结归纳和问答的形式编制，主要有以下特点：

（1）创新性。本书结合变电运维检修专业岗位设置转型的新特点，紧扣提高运检专业技术业务能力和综合业务素质的要求编写。

（2）指导性。本书理论结合实际，循序渐进地讲解检修工作的实际操作和业务要点，指导运检人员掌握基础知识、进行故障处理和试验。

（3）全面性。本书不仅对县域变电“运检合一”全业务融合管理做了介绍和拓展，还对油浸式变压器、断路器、隔离开关、电流互感器、电压互感器、避雷器、并联电容器、继电保护及变电站厂站自动化设备进行了全面详细介绍，涵盖了当前变电运维检修工作涉及的主要方面。

（4）实用性。本书中出现的故障分析案例主要来自以往变电运检工作实际。

本书可供 110kV 及以下变电站运检人员学习使用。

本书在编写过程中得到了兄弟单位和国网浙江省电力有限公司湖州供电公司的大力支持与帮助，书中还引用了有关单位和个人的资料，在此表示感谢。

因本书内容涉及广泛，加之编写人员水平有限，书中疏漏之处在所难免，恳请读者批评指正。

编　者

2022 年 12 月

# 目录

# 第一章

# 概　　述

## 第一节　管 理 背 景

### 一、强化变电设备管理，攻克县域变电管理难点

为了顺应社会经济发展，落实国网浙江省电力有限公司建设多元融合高弹性电网工作任务，落实全力确保安全稳定、推动电网高质量发展、深入推进提质增效、不断强化服务保障等工作，亟须将传统的管理方式转换成为“集约化、扁平化、专业化”管理，保障变电设备运维工作效率，让变电运检统一化、分级化、高效化，确保满足运维检修需求；而“运检合一”能够不断提升运营管控能力，是深化运检专业精益化管理、确保提质增效的必由之路。

### 二、提高运检人员效能，缓解人员短缺难题

随着电网规模逐年扩大，新技术、新设备应用日益广泛，国网德清县供电公司现有变电运检人员无法满足变电设备运维检修工作的需求，核心技术人才储备不足、结构性缺员等问题逐渐凸显，这也给多元融合高弹性电网建设带来了巨大挑战。推动变电运维和检修业务融合，是解决变电运维和变电检修人员力量不足的有效手段。实施变电“运检合一”，能够有效应对一线人员临时性缺员造成的运维检修延滞，实现操作、检修无缝衔接，在一定程度上减小队伍结构性缺失和断层影响，能够拓宽员工个人职业生涯发展之路，也能够充分发挥现有人力、物力、时间、技术等资源的综合力量。

## 第二节　管理内涵和主要做法

探索变电运维、检修管理合一新模式是以变电管理的安全生产、提质增效为目标，构建“一线贯穿”管理体系、优化“一条主轴”业务流程、打造“一岗多能”技术队伍、推行“一体多面”考核评价，实行变电设备集约管控，实现供电公司变电业务生产管理的全融合。“一线贯穿”管理体系即贯通供电公司决策层到班组，弥合层级壁垒，使业务管理到执行流畅；“一条主轴”业务流程即整合变电运维、检修管理流程，围绕“运检合一”的“一条主轴”流程实施精简高效的变电运维检修业务管理；“一岗多能”技术队伍即以系统化的知识体系为基础，通过培训、实践以及专业考试，培养“精一岗、会两岗、学三岗”的变电运检员工队伍；“一体多面”考核评价即以全面的评价

体系对每个员工进行考核，提高综合能力。以创新的变电“运检合一”管理模式支撑供电公司对电网新技术、新设备的不断应用，实现供电公司变电业务全融合，推进供电公司提质增效目标实现。以提质增效为目标的变电“运检合一”全业务融合管理模式如图 1-1 所示。

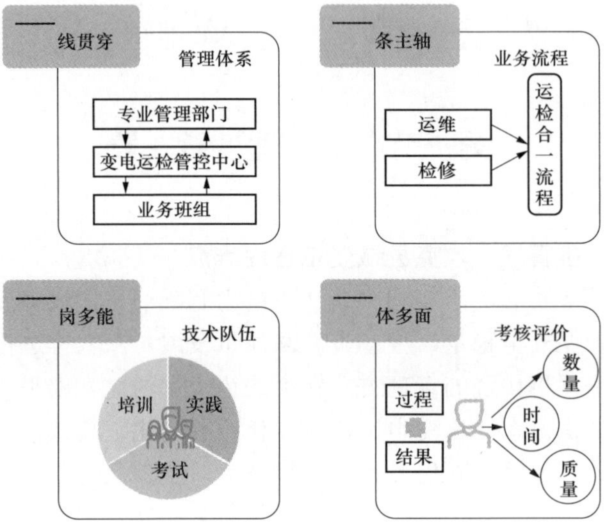


图 1-1　变电“运检合一”全业务融合管理模式

## 一、理念引领，明确“深度协同、提质增效”管理思路

### （一）落实协同理念引领

理念是行动的先导，为了切实推进变电“运检合一”，要科学践行“协同”理念、深入落实协同理念引领，做到“三个注重”：

（1）注重夯实组织协同根基。在组织方面，贯彻“公司决策层-变电运检中心-业务班组”三级协同的管理理念，明确职责分工，落实责任，以多层次实时交互，畅通变电业务全业务信息流通，促进业务流、信息流“双流合一”，优化现有变电运维、检修管理组织结构。

（2）注重多元行动主体协同运作。在业务实施方面，落实“制定计划-业务实施-全程监督”的协同管理思路，明确各环节内容，规范各环节实施标准，充分利用三级组织体系进行信息资源的合理配置和交流，协同变电运检中心及班组进行运维检修，由变电运检中心进行全过程管控及监督，实现变电运维、检修和生产过程中运维质量的有效提高。

（3）注重循环提升协同制度。在管理方面，坚持“业务分析-效果评价-实施改进”的循环管理理念，以实现变电运维、检修精益化、卓越运营为目标，以技术创新为驱动，以管理指标为抓手，明确以班组为主体，对变电运维、检修业务进行分析，以变电运检中心对业务实施效果进行评价，并指导班组进行改进提升，打造“业务分析-效果评价-实施改进”的业务管控体系，实现提质增效的目标。

（二）务实推进提质增效

国网浙江省电力有限公司提出了“聚焦战略目标落地，建设多元融合高弹性电网，大力推进提质增效，努力提升管理效能”的要求。提质增效是当前国家提出的一项重要的战略性任务要求，也是新时期供电企业要完成的头号任务，要把加强企业管理和成本管控摆在发展的突出位置和关键位置，以实现精细化管理，实现质量效益双提升。国网德清县供电公司在生产经营的各环节、全流程的成本管控中挥出了有力的“组合拳”，在变电运维检修管理中，注重提质增效的实效，以“运检合一”的方式，把细节变成规范、把规范变成习惯、把习惯变成潜意识，最大限度地降低每一个环节产生的成本，抓好成本管控，提高每一个环节创造的效益，提高发展质量和效益，为提升企业核心竞争力提供有力支撑和坚实保障，打赢“提质增效”攻坚战。

**二、革新组织，构建“运检合一、一线贯穿”组织体系**

（一）集约管控，“运检合一”

组建变电运检中心，由其负责、组织、监督、考核变电“运检合一”工作的执行情况，通过班组运检业务集约化指挥，将计划填报、过程管控、风险辨识、指挥协调功能融为一体，对所辖设备运行情况、运检作业实施情况进行全过程管控监督，保障工作安全。变电运检中心是国网德清县供电公司变电运检业务深度融合的核心载体，全面支撑运检业务信息化、自动化、智能化提升要求。变电运检中心下设变电运检班组，班组融合公司全运维、检修人员，简化机构设置，实现公司运检业务集约化管理指挥。

（二）创新机制，三级联动

建立适用于各层级的创新型组织架构，打造网格化、柔性化、扁平化的组织体系，减少管理层级，增加管理密度，形成关联互动的创新协同网络。充分发挥各层级的能力，增加全员责权与使命感，通过合理的整体规划，构建“专业部门、变电运检中心、运检班组”的协同体系，全面提升运检管理“穿透力”。以“专业管理部门-中心-班组”三级运检管理体系为载体，构建“一线贯穿”管理体系。深化三级联动机制，减少常规工作环节，统一安排和部署生产任务，建立顺畅的“专业管理部门-中心-班组”之间的协调沟通机制，实现公司决策层、中心管理层、班组执行层的多层次实时交互、集约管控，推动运检业务管控升级，提升运检管理“穿透力”。“一线贯穿”管理体系各责任主体及工作职责见表 1-1。

**表 1-1　“一线贯穿”管理体系各责任主体及工作职责**

| 序号 | 责任主体 | 工作职责 |
|---|---|---|
| 1 | 专业管理部门（决策层） | 督促落实各项重点工作，管控工作实施进度 |
| 2 | 变电运检中心 | 负责制定运检一体化工作实施方案，确定公司运检一体化工作项目，开展运检一体化培训工作；负责运检一体化相关规章制度的建立和生产流程的调整发布；负责运检一体化工作开展的安全风险管控；负责组织运检一体化工作阶段性总结和深化推广工作 |
| 3 | 变电运检班组 | 负责实施“运检合一”作业，主要为设备巡视、倒闸操作、检修消缺、安全管控 |

## 三、优化模式，实施“一条主轴、*N* 个项目”业务管理

### （一）梳理优化检修一体化流程

融合变电运维及变电检修流程，利用工单化管理，以“分析-评价-改进”的思路不断提升公司“运检合一”作业能力，变电“运检合一”流程如图 1-2 所示。

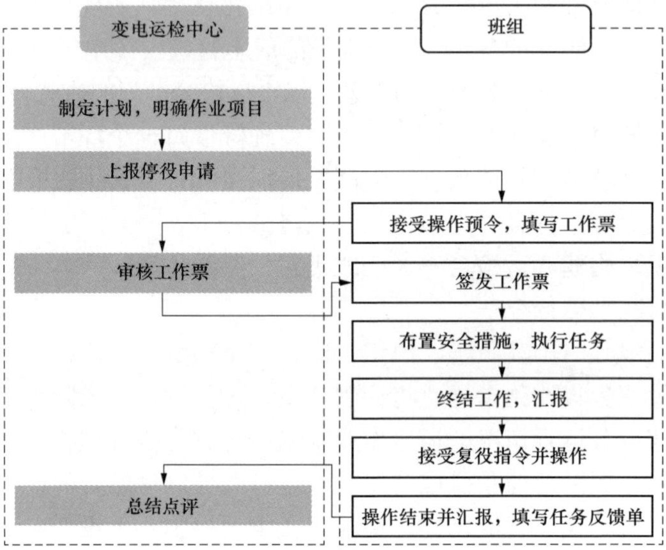


图 1-2　变电“运检合一”流程图

变电运检中心根据实际工作内容编排工作计划，以月、周计划明确“运检合一”作业内容、时间及人员，统一调配人力资源，将工作任务清晰明确分配至个人，避免工作任务不清、责任不落实，并经责任领导审核批准。

现场作业实行“工单化”，变电运检中心以指导卡的形式指派工作任务，落实现场负责人，并组织作业人员开展危险点分析，交代安全注意事项；现场作业时，运检人员按指导卡内容逐步实施，由检修第一专业人员作为操作人，运维第二专业人员作为监护人；许可工作时，由监护人作为工作许可人，操作人作为工作负责人；检修工作时，原运维专业人员作为工作班人员，同时根据作业项目复杂程度，设置第二监护人，做好“运检合一”现场安全管控，依照指导卡内容做好记录；作业完成后，向变电运检中心汇报，并对本次作业进行评价，根据评价结果，总结经验并实施改进。以 35kV 主变压器（简称“主变”）保护装置 CST-220B 全部校验作业工序卡为例，其变电检修一体化指导卡示例见表 1-2。

### （二）推动实施“运检合一”项目

按照一体化流程推进“运检合一”项目实施，项目实施严格遵循“制定计划-业务实施-全程监督”思路，有效落实“业务分析-效果评价-实施改进”的管理理念，结合培训、学习等方式，鼓励并帮助员工掌握第二专业的技能业务，不断提升员工综合业务水平，打通专业之间的管理壁垒，缩短上下级业务流转时间。始终以严控现场安全为基础和前提，以稳步的推进方案、翔实的工作流程和管理责任划分、最优的人员配置、严格

的人员管理制度确保变电检修现场安全，不断改进提升变电运检管理水平。

**表 1-2　　　　变电检修一体化指导卡示例**

<table>
<tr><td colspan="5">35kV 主变保护装置 CST-220B 全部校验作业工序卡<br>变电站名称：　　设备名称：　　试验性质：<br>工作票编号：　　试验日期：　　天气：</td></tr>
<tr><td>一</td><td colspan="4">试验准备</td></tr>
<tr><td>编号</td><td colspan="2">项目</td><td>要求</td><td>执行情况（√）</td></tr>
<tr><td>1</td><td colspan="2">准备必要的试验设备及工器具、材料、整定单</td><td>正确完备</td><td></td></tr>
<tr><td>2</td><td colspan="2">试验前一次性完成试验所需的安全措施</td><td>正确得当</td><td></td></tr>
<tr><td>3</td><td colspan="2">试验负责人进行试验人员的分工</td><td>分工明确</td><td></td></tr>
<tr><td>4</td><td colspan="2">核对被试设备名称，确认设备状态</td><td>具备试验条件</td><td></td></tr>
<tr><td>二</td><td colspan="4">试验过程</td></tr>
<tr><td>编号</td><td>试验项目</td><td colspan="2">标准要求</td><td>结果（√）</td></tr>
<tr><td>1</td><td>保护屏及相关设备二次回路、端子检查及清扫</td><td colspan="2">保护装置及相关的二次回路端子应清洁无尘，接线应无机械损伤，端子压接应紧固</td><td></td></tr>
<tr><td>…</td><td>…</td><td colspan="2">…</td><td></td></tr>
</table>

国网德清县供电公司基于优化后的“运检合一”业务流程，实施变电设备运维检修，不仅提高了专业队伍的工作技能和工作效率，也使得运行人员更深入地了解了设备运行状态，更精确地掌握了设备操作方法，提高了工作人员技术水平和责任意识，促进缺陷消除彻底和检修工作质量提升，避免了缺陷填报描述不清晰、缺陷部位不明确造成的反复确认和误判、重复消缺等实际问题。结合“运检合一”项目的实施，进一步认清方向，因地制宜、因人而异开展“运检合一”工作；以目标为导向、以结果为重点，实施制度管人、流程管事，持续提升生产系统管理水平和生产业务效率，大幅提升全员技能水平，不断提高供电可靠性、用户满意度、服务质量；结合“运检合一”技能竞赛，营造“比学赶超帮”的浓厚氛围。

（三）健全一体化实施保障

（1）完善“运检合一”相关规范及标准。根据合一后的业务流程，建立以技术标准为核心、管理标准为支撑、工作标准为保障的制度标准体系，包括“运检合一”工作规范、变电“运检合一”岗位标准、现场标准化作业指导书以及“一岗多能”考核标准等，健全完善精简高效的标准化工作机制。

（2）优化人力资源配置。择优选取变电运检人员，明确变电运检人员素质要求，针对在变电上接受能力较强的人员进行业务技术上的合一。制定培训上岗管理办法，选配必备的人员开展业务培训和上岗考核，提升运检人员的综合技能水平，引导和推动员工向多技能复合型人才发展。

（3）完善装备保障。根据运检业务开展情况，配备基本的维护试验用仪器和工器具，合理优化配置各专项试验仪器。开展仪器工作原理及使用方法培训，熟练掌握试验方法，了解试验原理、准确分析试验数据。根据运维站实际情况，建立工区级集中备品备件库，协调管理物资、仓储等。

（四）赋能团队，打造“一岗多能、一专多能”运检队伍

变电运检人才队伍建设是国网德清县供电公司变电运维检修的人力资源基础保障。通过变电运检中心构建变电“运检合一”管理知识体系，制定培养方案及工作计划，编制培训教材，明确各专业培训的项目及内容，拟定培训计划，合理设置培训课时，结合变电运维检修工作规划培训时间，有步骤开展变电运检人才队伍的培养。

（五）建立“体系化”变电运检知识库

（1）在明确国网德清县供电公司各层级在变电运检工作职责的基础上，对应各层级人员在变电运检具体工作所需的知识、技能与能力，建立变电运检知识体系，形成变电运检管理知识库。变电运检知识库主要包括基本知识、实操技能、安全管理、规章制度等内容。

（2）以变电运检知识体系为基础，结合国网德清县供电公司对变电运检人员的要求与目标，按基础课程、管理课程和技术课程设计系统的变电运检课程体系。变电运检课程体系见表 1-3。

**表 1-3　　变电运检课程体系**

| 课程类别 | 课程内容 | 对应知识库模块 |
|---|---|---|
| 基础课程 | 变电基本知识 | 基本知识 |
| | 安全基础 | 安全管理 |
| | 规章制度 | 规章制度 |
| 实训课程 | 一次设备 | 实操技能 |
| | 二次设备 | 实操技能 |
| | 在线检测 | 实操技能 |
| | 交直流系统 | 实操技能 |
| | 防误装置 | 实操技能 |

（六）建立“系统化”培训管理体系

加强培训工作的运营管理，通过设计系列培训教材、组织多样化的培训方式、制定详细培训计划及优化基础保障机制等手段，建立完备、高效的培训管理体系。

（1）培训教材管理。以变电运检管理各阶段工作为主线，基于不同层级人员的需求，编制差异化、多层级、系列化的培训教材。教材形式包含 PPT 课件、管理文件、视频文件等多种形式，满足不同形式的培训需求。同时，对培训教材实行动态更新的管理机制，确保教材的实用性、先进性。

（2）培训方式管理。变电“运检合一”培训主要采取现场实际授课、现场辅导、实训学习、专题座谈、交流研讨、网络学习、自我学习等多种培训方式。针对不同层级人员、不同的课程内容采用灵活、适宜的培训方式，确保培训内容以最好的形式呈现给培

训对象，提升培训效果。

根据国网德清县供电公司的变电“运检合一”工作明确培训计划，在培训预算范围内，基于变电运检工作进展和管理需求合理制订培训计划。明确培训对象、培训内容、培训目标、培训方式、培训时间、培训费用等内容，首先是梳理培训需求，制定培训计划；定期开展现场操作培训，以理论联系实际的方式，开展运维、检修专业人员技能实训测试；模拟现场故障，在限定时间内排查设备故障原因，撰写分析报告，通过各个项目实训，提升运维检修人员操作、故障分析处理能力，确保培训的有效性。其次，充分考虑培训的实效性，选择合适的时机开展培训，增强员工第二岗位实际工作能力，丰富第二岗位的工作经验，全面提升员工的技能水平和实际操作能力，确保达到较好的培训效果，为“运检合一”奠定扎实的队伍基础。

（七）建立“全面化”专业人才库

为保证切实促进变电运检人员队伍能力，国网德清县供电公司构建了变电运检专业人才库，从人员学历、工作经历、专业能力等多个方面综合考虑确定专家标准。与外部合作单位、市供电公司及兄弟单位沟通，以内部评选和外部邀请的形式，构建专业人才库。专业人才库由三类人才组成，包括厂家技术人员、相关业务专家、优秀员工，在培训过程中进行授课、现场教学以及专业指导。

组建以专家和技术能手领头的培训师团队，并结合变电运检工作现场实际，选择中置柜、环网柜、干式变压器、站所终端（DTU）、10kV线路保护屏柜、电压（电流）互感器等设备组建了一体化实训室，打造“创新技能实训室”。按照培训计划及内容要求，对变电运检人员开展定期培训，邀请厂家技术人员、相关业务专家、优秀员工等专业人才讲课授课，对员工进行培训；结合业务培训、业务实践、换岗学习、专业考试等形式，提高运检队伍综合能力。在变电运检业务实施过程中，及时向专业人才寻求帮助，在快速解决问题的同时，传授专业技能及经验。在业务分析及改进提升过程中，要求专业人才参与专题、周期会议，为提升变电检修业务能力水平提供支撑。

（八）培养“多样化”复合型人才

构建实地自学、互帮互学、结对带学、换岗轮学、取证定学、比武竞学的“六学”模式，除定期开展培训外，结合“六学”模式培养变电运检人才队伍。

（1）实地自学即班组人员除了在实训室进行业务学习之外，结合设备检修的机会，参与现场的设备检修业务实际学习，达到技术业务从练习到实战的转换。

（2）互帮互学即员工互相进行相关业务指导。

（3）结对带学即以老员工“老带新”的方式，让新员工掌握继电保护校验、回路查找、故障分析判断等方面的知识。

（4）换岗轮学即检修班和运维班人员换岗相互学习。

（5）取证定学即鼓励员工考取国家、行业的上岗证书。

（6）比武竞学即通过技术比武、岗位练兵检验学习效果，促进员工“专一岗、会二岗、懂三岗”。

## 四、营造氛围，推行“一体多面”绩效管理

### （一）明确“结果＋过程”绩效管理思路

以班组为单位，以单个员工为考核主体，在班组内部以“工作结果＋过程表现”为考核依据，推行工作积分制，量化单个员工的工作业绩，实现差异化考核、“用业绩说话”，形成员工之间“比学赶超”的工作氛围。

由变电运检中心每季度组织评选变电运检“一、二、三级安全作业能手”及中心“安全技能之星”，将考核结果与评优、绩效有效联系起来，树立岗位标杆，推动员工量化差距、注重自身提升，夯实“一岗多能”队伍基础。

### （二）创新绩效激励模型

建立“一元三维”激励考核模型，即以“一元”绩效积分制为基础，围绕工作数量、工作时间和工作质量三个维度，构建考核内容标准化、考核标准全量化、管理过程可视化、结果应用多元化的“运检合一”下班组激励模型。“一元”绩效积分 $K$=基础考核分 $A$＋通用管理分 $B$＋“两票”考核分 $C$＋专业考核分 $D$＋加分项积分 $E$，对应的激励模型积分内容见表 1-4。

**表 1-4　激励模型积分内容**

| 序号 | 积分项 | 具 体 内 容 |
|---|---|---|
| 1 | $A$ | 基础考核项：根据员工每月出勤天数计算积分。基础考核分（每月出勤积分）$a$ = 当月出勤天数 $n$ × 出勤基准分 $a_1$（出勤基准分 $a_1$ 由绩效考核小组确定） |
| 2 | $B$ | 通用管理项：根据班组基础管理工作，包括 PMS（设备资产管理系统）、可靠性、班组资料、变电站典型操作票、变电站现场运行规程等工作 |
| 3 | $C$ | “两票”考核项：“两票”（工作票、操作票）绩效考核记分，每月根据班组“两票”按照担当角色不同设置角色系数统计折算积分。第一、二种工作票中根据人员担当角色（工作负责人、工作票签发人、工作许可人）予以区分；倒闸操作票中根据人员担当角色（拟票人、审票人、操作人、监护人）予以区分 |
| 4 | $D$ | 专业考核项：根据“运检合一”专业班组具体的工作职责和专业性质确定的积分考核项，包含巡视、操作、检修、许可等常规性内容考核 |
| 5 | $E$ | 加分项：根据班组及班组成员个人急需完善的绩效改进方面及管理、技术创新、发现缺陷、仓库管理、QC（质量控制）、科技项目等方面，设置一定的积分加分点 |

绩效积分依托工作数量、工作质量和行为规范三个维度，构造绩效积分三维评价体系，由绩效管理小组事先确定某项工作任务的基准分值，根据班组员工在工作任务当中所做贡献大小确定其成员分配，以此获得工作积分，完成对员工工作数量、质量和行为规范的把控，杜绝“磨洋工”“出工不出力”等现象的发生。工作质量积分主要依据完成工作的正确性、及时性，根据完成工作的“好坏”、行为规范等因素计算工作质量积分。依据完工质量不同，将质量系数分为一般、良、优三个等级。在计算工作质量积分时，注意把握分即时（完工后立即显现）和后续（一段时间后显现）两个层次。工作时间积分是依据外出工作根据工作时长获取不同的积分，且不同的时间段设置不同的分值。基本时长分为 4h（5 分）和 8h（10 分）两个时长，工作时段分为基本时段、2 倍时段、3 倍时段三个时段。工作时间段积分系数见表 1-5。专业工作积分系数见表 1-6。

**表 1-5** **工作时间段积分系数**

| 工作时间 | 时间段 | 工作时间段积分系数 $T_1$ |
| --- | --- | --- |
| 2 倍时段 | 06:00～8:00 | 2 |
| 基本时段 | 白天时段（不超过 4h）<br>08:00～17:00 | 1 |
| | 白天时段（超过 4h）<br>08:00～17:00 | 2 |
| 2 倍时段 | 17:00～21:00 | 2 |
| 3 倍时段 | 夜间时段（不超过 4h）<br>21:00～06:00 | 3 |
| | 夜间时段（超过 4h）<br>21:00～06:00 | 3 |

**表 1-6** **专业工作积分系数**

| 基本积分 | 工作时间段积分系数 $T_1$ 数值参见表 1-5 | 工作质量积分系数 $T_2$ | | | 作业性质积分系数 $T_3$ | |
| --- | --- | --- | --- | --- | --- | --- |
| 5 | | 一般 | 良 | 优 | “运检合一” | 非“运检合一” |
| | | 0.8 | 1.0 | 1.2 | 1.5 | 1.0 |

**注** 通用管理积分考核参照专业积分考核。

## 五、释放人力资源效能，切实保障提质增效

### （一）提升人力资源效能，有效解决缺员难题

按照国网德清县供电公司现有变电设备规模，变电运维、变电检修人员定员数量为 45 人，而变电班组实际在岗 30 人，实际缺员率高达 50%。2019～2020 年，通过“一岗多能、一专多能”变电“运检合一”的全业务融合管理，国网德清县供电公司输变电运检中心有 15 人取得运维、检修作业资格，变电业务可调配人次同比上升 50%，有效解决了缺员难题。

### （二）降损堵漏增收，经济效益明显

自实施变电“运检合一”以来，国网德清县供电公司充分利用运检人员第二专业优势，重点开展了应急消缺、倒闸操作过程中设备异常处理等非计划消缺工作；工作中迅速完成倒闸操作人员与检修工作人员角色转换，由具备双专业资质人员就地开展非计划性消缺工作，节约日常所需作业人员、车辆，经济效益明显。

### （三）业务全融合，全面适应高弹性电网建设

通过实施变电“运检合一”全业务融合管理，国网德清县供电公司大型集中检修类项目可增派工作人员大大数量增加，检修时间平均缩减 2h，可参与运维 24h 值班人员增加至 24 人，故障响应速度大幅提高，班组备用抢修力量得到有效加强，班组安全承载力得到大大提升，电网安全运行水平得到进一步保障。同时，充分挖掘了规模效益和集约潜力，有效集约了优势运检资源，强化了对生产现场的管控穿透力，支撑了高弹性电网建设要求，形成了专业有机融合、业务联系紧密、信息畅通高效、流程规范统一、人员调剂互补的格局。

# 第二章

# 油浸式变压器

## 第一节 总 体 介 绍

电力变压器是发电厂和变电站的主要设备之一。变压器的作用是多方面的，不仅能升高电压，还能把电压降低。因此，变压器在电力系统中的作用十分重要，是变电设备中的核心部件。变压器的外形如图 2-1 所示。

图 2-1 变压器的外形

### 一、变压器的基本结构

电力变压器主要由铁心及绕在铁心上的两个或三个绝缘绕组构成。为增强各绕组之间的绝缘及铁心、绕组散热的需要，将铁心及绕组置于装有变压器油的油箱中，然后，通过绝缘套管将变压器各绕组的两端引到变压器壳体之外。另外，为提高变压器的传输容量，在变压器上加装有专用的散热装置，作为变压器的冷却器。

大型电力变压器均为三相变压器或由三个单相变压器组成的三相变压器。将变压器同侧的三个绕组按一定的方式连接起来，组成某一接线组别的三相变压器。

变压器的基本结构部件是铁心和绕组，由它们组成变压器的器身。为了改善散热条件，大、中容量变压器的器身浸入盛满变压器油的封闭油箱中，各绕组与外电路的连接则经绝缘套管引出。为了使变压器安全可靠地运行，还设有储油柜、气体继电器和压力释放阀（安全气道）等附件。

变压器因使用场合、工作要求不同，其结构形式是多种多样的，但是，最基本的结构都是由铁心与绕在铁心上相互绝缘的线圈（绕组）构成。

铁心是变压器的磁路部分，一般采用表面涂有漆膜、厚度为 0.35mm 或 0.5mm 的硅钢片交错叠成，使磁路具有较高的磁导率和较小的磁滞涡流损耗。

绕组是变压器的电路部分，通常用涂有绝缘漆的铜线或铝线绕制而成。与电源连接的绕组称为原绕组，简称一次绕组或初级绕组；与负载连接的绕组称为副绕组，简称二次绕组或次级绕组。绕组的形状有筒式和盘式两种。筒式绕组又称同心式绕组，一、二次绕组相套在一起，低压绕组套在靠铁心的里层，高压绕组套在低压绕组的外层。盘形绕组又称交叠式绕组，分层交叠在一起，低压绕组通常是套在铁心柱靠上、下铁轭的外端，高压绕组则夹在两低压绕组的中间。根据实际需要，一个变压器可以只有一个绕组，如自耦变压器；也可以有多个二次绕组以输出不同的电压。

（一）铁心

1. 铁心的作用

变压器是根据电磁感应原理制造的。铁心是变压器的基本部件，是变压器的磁路，它把一次电路的电能转为磁能，又由自己的磁能转变为二次电路的电能，是能量转换的媒介。因此，铁心由磁导率很高的电工钢片（硅钢片）制成。另外，铁心是变压器的内部骨架，铁心的夹紧装置不仅使磁导体成为一个机械上完整的结构，而且在其上面套有带绝缘的线圈，支持着引线，并几乎安装了变压器内部的所有部件。

2. 铁心的形式

铁心有两大基本结构形式，即壳式和心式。它们的主要区别在于磁路，即铁心与线圈的相对位置：线圈被铁心包围时称为壳式；铁心被线圈包围时称为心式。铁心的两种主要结构形式如图 2-2 所示。

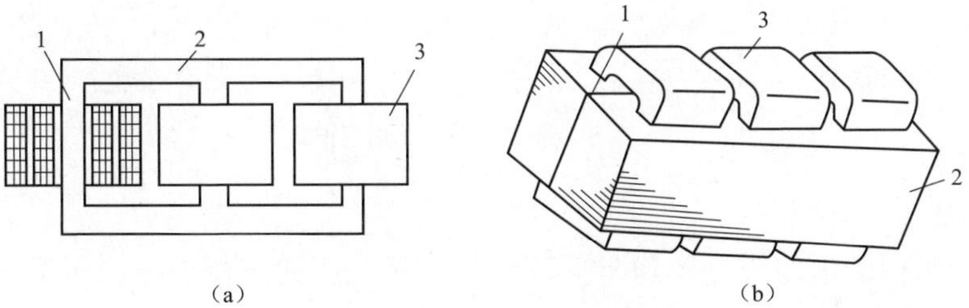


图 2-2 铁心结构形式示意图

（a）心式；（b）壳式

1—铁心柱；2—铁轭；3—线圈

一般情况下，壳式铁心是水平放置的，心式铁心是垂直放置的。大容量的心式变压器由于高度所限，压缩了上下铁轭的高度，以增加旁轭的办法做磁路，将变压器铁心做成单相一柱（一个心柱）、单相四柱（两个心柱）或三相五柱（三个心柱）。但是它们仍保留心式结构的特点，因此它们虽有包围线圈的旁轭，但仍属于心式结构。

（1）壳式铁心结构具有下列特点：①每种容量的铁心叠片只有一种片宽，故加工比较方便；②因铁心截面为长方形，故与之相配合的线圈截面也应为长方形，同时线饼之间面积较大，这样可使饼间电容增大，对地电容与饼间电容之比小，故可改善绕组中的冲击电位分布，因此超高变压器采用壳式铁心结构时可简化绕组结构；③壳式电力变压器的引线都在上部，故出线方便，这一点对三相三绕组及自耦变压器则更方便；④当低压绕组流过大电流时，因绕组被铁心所包围，故电流引起的附加损耗较小。

（2）心式铁心结构是我国变压器制造厂普遍采用的铁心结构形式，它具有以下优点：①铁心可先叠装成形，然后在铁心柱上套装已绕好的线圈；②线圈为圆形，故绕制方便。心式铁心分为单相双柱、单相三柱、三相三柱、三相五柱式等结构，如图 2-3 所示。选择铁心结构时，主要是考虑使空载电流和空载损耗小、噪声低、电压波形保证正弦波形。

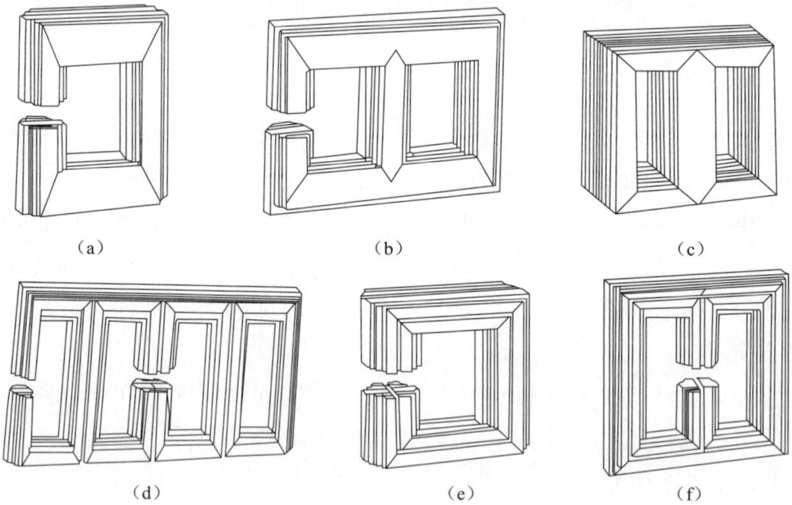


图 2-3　心式铁心结构形式示意图

(a) 单相双柱式；(b) 三相三柱式；(c) 单相三柱（旁轭）式；(d) 三相五柱式；

(e) 单相双框式；(f) 三相双框式

（二）绕组

绕组是变压器的电路部分，通常采用绝缘铜线或铝线绕制而成，匝数多者称为高压绕组，匝数少者称为低压绕组。变压器绕组应具有足够的绝缘强度、机械强度和耐热能力。正常的 220kV 及以下三相心式变压器绕组排列如图 2-4 所示。

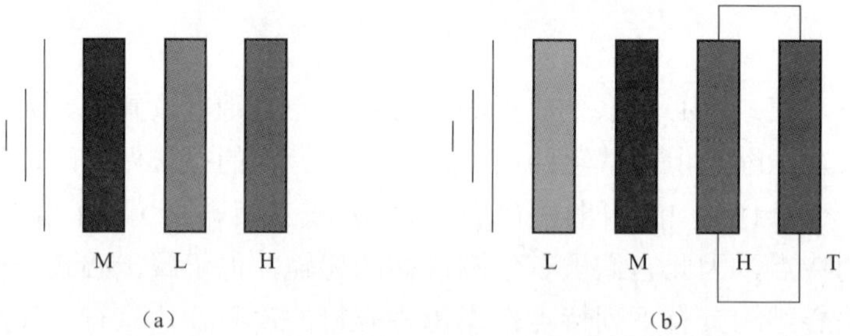


图 2-4　三相心式变压器绕组排列示意图

(a) 升压变压器；(b) 降压变压器

M—中压绕组；L—低压绕组；H—高压绕组；T—调压绕组

1. 绕组按排列位置不同分类

按高、低压绕组相互间排列位置的不同，绕组可分为同心式和交叠式两种。

(1) 同心式绕组是把一、二次绕组分别绕成直径不同的圆筒形线圈套装在铁心柱上。在铁心柱的任一横断面上，绕组都是以同一圆筒形线圈套在铁心柱的外面，而这种圆柱形的绕组正适合同心式变压器绕组的布置。为了便于绝缘和高压绕组抽引线头，一般情况下总是将低压绕组放在里面靠近铁心处，将高压绕组放在外面。高压绕组与低压绕组之间，以及低压绕组与铁心柱之间都必须留有一定的绝缘间隙和散热通道（油道），并用绝缘纸板筒隔开。绝缘距离的大小，取决于绕组的电压等级和散热通道所需要的间隙。当低压绕组放在里面靠近铁心柱时，因为它和铁心柱之间所需的绝缘距离比较小，所以绕组的尺寸就可以减小，整个变压器的外形尺寸也同时减小了。但大容量的低压大电流变压器，考虑到引出线工艺困难，往往把低压绕组套在高压绕组外面。

（2）交叠式绕组是把一、二次绕组按一定的交替次序套装在铁心柱上。这种绕组的高、低压绕组之间间隙较多，因此绝缘较复杂、包扎工作量较大。其优点是机械性能较高，引出线的布置和焊接比较方便，漏电抗也较小，故常用于低电压、大电流的变压器（如电炉变压器、电焊变压器等）。

2. 绕组按绕制方式不同的分类

按绕制方式不同，绕组通常分为层式绕组和饼式绕组两种。

（1）绕组的线匝沿其轴向依次排列绕制的称为层式绕组，如圆筒式绕组。

（2）绕组的线匝沿其轴向连续绕制而成一饼（段），再由许多饼沿轴向排列组成的绕组称为饼式绕组，如连续式、纠结式、内屏蔽式绕组等。

另外，还有介于层式绕组和饼式绕组之间的箔式绕组和螺旋式绕组：①箔式绕组的线匝是沿轴向连续绕制的，一般情况下一匝就是一层，故可属于层式绕组；②螺旋式绕组一般为每饼一匝，或两饼、四饼一匝，而各匝又沿轴向连续绕制，但形式是由各饼组成，故可属于饼式绕组。

层式绕组结构紧凑、生产效率高、耐受冲击电压的性能好，但其机械强度差。饼式绕组散热性能好、机械强度高、适用范围大，但耐受冲击电压性能差。

（三）气体继电器

1. 工作原理

气体继电器（俗称“瓦斯继电器”）是油浸式变压器上的重要安全保护装置，一般用在 800kVA 及以上的变压器中。它安装在变压器箱盖与储油柜的连管上，在变压器内部故障产生的气体或油流作用下接通信号或跳闸回路，使有关装置发出警报信号或使变压器从电网中切除，达到保护变压器的作用。

2. 结构组成

气体继电器有浮筒式和挡板式两种结构。浮筒式气体继电器目前已不再使用，为了提高气体继电器的可靠性，现在多采用挡板式多磁力触点结构。挡板式气体继电器的结构如图 2-5 所示。

气体继电器的管径有$\phi$25、$\phi$50、$\phi$80 三种，三者结构基本相同。其中，管径为$\phi$25 的用于有载分接开关，管径为$\phi$50 的用于 800～6300kVA 变压器，管径为$\phi$80 的用于 8000kVA 及以上变压器中。

挡板式气体继电器结构主要由外壳和继电器芯子组成。在顶盖上装有跳闸及信号端子、嘴子和顶针，在顶盖下面支架上装有开口杯、重锤、上下磁铁和上下干簧触点，在

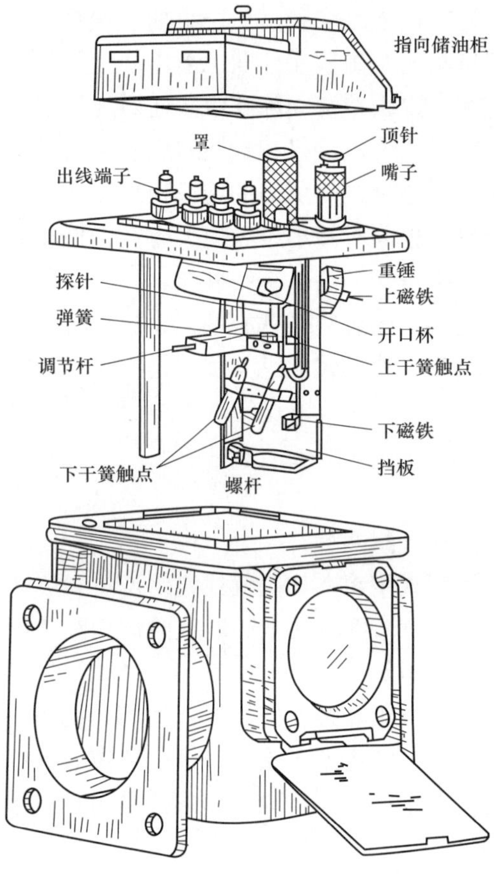

图 2-5　挡板式气体继电器结构示意图

支架的下部装有可转动的挡板。

3. 保护分类

（1）轻瓦斯保护：正常运行时，气体继电器内部充满变压器油，开口杯内外都是变压器油。由于重锤的质量大于开口杯的质量，使重锤下落，开口杯向上翘起，固定在开口杯侧面上的磁铁也跟着向上翘起，上干簧触点处于断开状态。当气体继电器中气体达到一定容积后，开口杯下沉，上磁铁使上干簧触点闭合，称为轻瓦斯保护动作，接通信号回路并发出报警信号。

（2）重瓦斯保护：当变压器内部发生严重故障，大量的气体和变压器油流向储油柜，当油流达到一定的速度后，冲动气体继电器的挡板，下磁铁使下干簧触点闭合，称为重瓦斯保护动作，接通跳闸回路，将变压器的电源切断。

4. 保护整定

（1）挡板式气体继电器的整定要求：改变重锤位置，可调节轻瓦斯保护动作的气体容量，整定值为 250～300cm$^3$；转动调节杆，改变弹簧的长度，可以调整重瓦斯保护动作的油流速度。

（2）整定值：自冷式变压器为 0.8～1.0m/s；强油循环变压器为 1.0～1.2m/s；120MVA 以上变压器为 1.2～1.3m/s。

（四）有载分接开关

1. 工作原理

有载分接开关是指能在变压器励磁或负载状态下操作，从而调节变压器输出电压的一种装置。有载分接开关的基本原理，就是在变压器高压绕组中引出若干分接头后，在不中断负载电流的情况下，由一个分接头切换到另一个分接头来改变有效匝数，即改变变压器的电压比，从而实现调压的目的，其原理如图 2-6 所示。

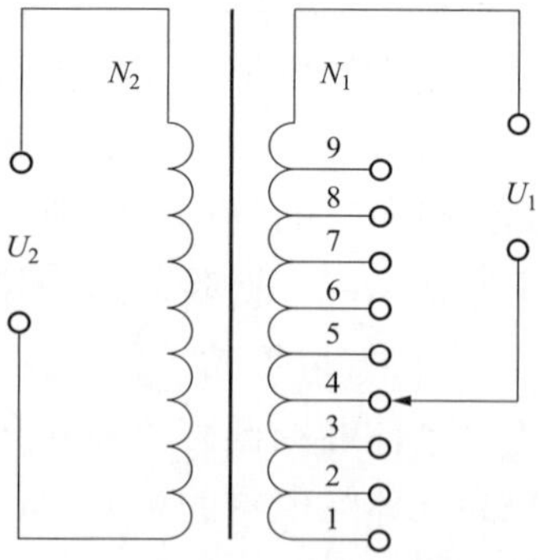

图 2-6　有载分接开关原理图

综上所述，变压器调压必须满足以下基本条件：

（1）在切换过程中，保证电流是连续的；

（2）在切换过程中，保证不发生分接头间短路。

为满足上述要求，有载分接开关的电路由过渡电路、选择电路和调压电路三部分组成。

2. 结构特点

有载分接开关由安装在变压器内部的切换开关和分接选择器、安装在变压器箱壁的电动机构及传动装置组成。在有些有载分接开关中，把切换开关和分接选择器的功能结合在一起而成为选择开关。目前国内使用的有载分接开关型号众多，适合于不同的电压等级和使用环境，下面以常用的M型和V型有载分接开关为例进行分析和介绍。

（1）M型有载分接开关。上海华明电力设备制造有限公司的CM型、贵州长征电气有限公司的ZY型以及德国莱茵豪森（MR）公司的M型有载分接开关统称为M型系列有载分接开关，其结构基本相同，其整体布置如图2-7所示。该系列开关设备的额定电压从35～220kV都能满足，最大额定通过电流三相为600A，单相为1200A。三相有载分接开关用于星形接法的中性点调压，单相有载分接开关则用于任意的调压方式。M型系列有载分接开关由油室、切换开关本体及分接选择器三大部分组成。

（2）V型有载分接开关。V型有载分接开关把切换开关和分接选择器的功能合二为一，构成选择开关。因此，在结构上把切换开关的切换机构与分接选择器触头系统合并，形成选择开关的切换机构，其他的分接开关部件几乎保持不变。目前，国内常用的有上海华明电力设备制造有限公司的CV型、贵州长征电气有限公司的FY型以及德国MR公司的V型有载分接开关等产品。

V型有载分接开关的结构分为开关本体和油室两大部分。其中，开关本体全部放置在油室内，它由快速机构、触头系统（包括转换选择器）、过渡电阻、主轴、抽油管、油室等组成。V型有载分接开关本体如图2-8所示。

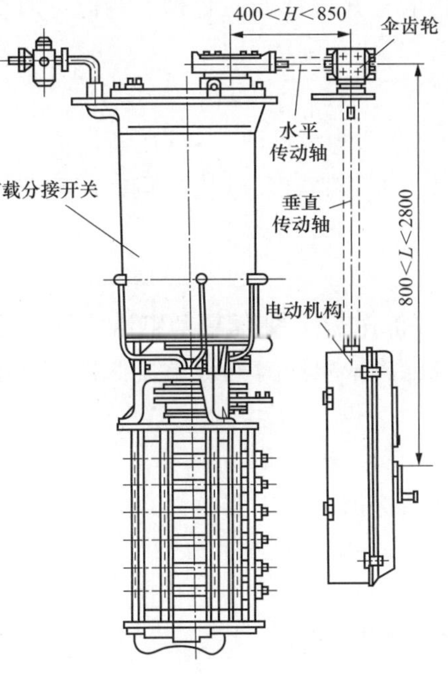


图2-7 M型有载分接开关整体布置示意图

图2-8 V型有载分接开关本体

## 二、变压器的故障及保护

### （一）变压器故障

若以故障点的位置对故障进行分类，变压器的故障有油箱内的故障和油箱外的故障。

1. 油箱内部的故障

变压器油箱内的故障主要有各侧的相间短路、大电流系统侧的单相接地短路及同相部分绕组之间的匝间短路。

2. 油箱外的故障

变压器油箱外的故障系指变压器绕组引出端绝缘套管及引出短线上的故障，主要有相间短路（两相短路及三相短路）故障、大电流侧的接地故障及低压侧的接地故障。

（二）变压器的异常运行方式

大型超高压变压器的异常运行方式主要有由于系统故障或其他原因引起的过负荷、由于系统电压的升高或频率的降低引起的过励磁、不接地运行变压器中性点电位升高、变压器油箱油位异常、变压器温度过高及冷却器全停等。

（三）变压器保护的配置

变压器发生短路故障时将产生很大的短路电流，将使变压器严重过热，烧坏变压器绕组或铁心。特别是变压器油箱内的短路故障，伴随电弧的短路电流可能引起变压器着火。另外，短路电流产生的电动力可能造成变压器本体变形而损坏。

变压器的异常运行也会危及变压器的安全，如果不能及时发现及处理，会造成变压器故障及损坏。

为确保变压器的安全经济运行，当变压器发生短路故障时，应尽快切除变压器；而当变压器出现异常运行方式时，应尽快发出告警信号并进行相应处理。为此，对变压器配置整套完善的保护装置是必要的。

1. 短路故障的主保护

变压器本体故障的主保护主要有纵联差动保护（纵差保护）、重瓦斯保护、压力释放保护等非电量保护。另外，根据变压器的容量、电压等级及结构特点，可配置零序差动保护（零差保护）或分侧差动保护。

2. 短路故障的后备保护

目前，电力变压器上采用较多的短路故障后备保护主要有复合电压闭锁过电流保护、零序过电流或零序方向过电流保护、负序过电流或负序方向过电流保护、复压闭锁功率方向保护、低阻抗保护等。

3. 异常运行保护

变压器异常运行保护主要有过负荷保护、过激保护、变压器中性点间隙保护、轻瓦斯保护、温度保护、油位保护及冷却器全停保护等。

## 第二节 运 维 细 则

### 一、一般规定

（1）变压器在正常运行时，本体及有载分接开关重瓦斯保护应投跳闸。

（2）变压器下列保护装置应投信号：本体轻瓦斯保护；真空型有载分接开关轻瓦斯保护（油中熄弧型有载分接开关不宜投入轻瓦斯保护）；突发压力继电器；压力释放阀。

（3）变压器本体应设置油面过高和过低信号，有载调压开关宜设置油面过高和过低信号。

（4）运行中变压器进行以下工作时，应将重瓦斯保护改投信号，工作完毕后注意限期恢复：

1）变压器补油、换潜油泵、油路检修及气体继电器探针检测等工作。

2）冷却器油回路、通向储油柜的各阀门由关闭位置旋转至开启位置。

3）油位计油面异常升高或呼吸系统有异常，需要打开放油或放气阀门。

4）变压器运行中，将气体继电器集气室的气体排出时。

5）需更换硅胶、吸湿器（俗称“呼吸器”），而无法判定变压器是否正常呼吸时。

（5）运行中的压力释放阀动作，停运设备后，应在检修人员检查处理后将释放阀的机械、电气信号手动复位。

（6）现场温度计指示的温度、控制室温度显示装置、监控系统的温度基本保持一致，误差一般不超过5℃。

（7）运行中应检查吸湿器呼吸是否畅通，吸湿剂潮解变色部分不应超过总量的2/3。还应检查吸湿器的密封性是否良好，吸湿剂变色应由底部开始变色，如上部颜色发生变色则说明吸湿器密封性不严。

（8）在下列情况下，有载分接开关禁止调压操作：

1）真空型有载分接开关轻瓦斯保护动作发信时。

2）有载分接开关油箱内绝缘油劣化，不符合相关标准。

3）有载分接开关储油柜的油位异常。

4）变压器过负荷运行时，不宜进行调压操作；过负荷1.2倍时，禁止调压操作。

5）调压次数超过相关规定时。

### 二、运行温度要求

除变压器制造厂家另有规定外，在额定电压下油浸式变压器顶层油温一般不应超过表2-1的一般限值。当冷却介质温度较低时，顶层油温也相应降低。

**表2-1　油浸式变压器顶层油温一般限值**　（℃）

| 冷却方式 | 冷却介质最高温度 | 顶层最高油温 | 不宜经常超过温度 | 告警温度设定 |
|---|---|---|---|---|
| 自然循环自冷（ONAN） | 40 | 95 | 85 | 85 |

变压器负载类型及运行规定见表2-2。

**表2-2　变压器负载类型及运行规定**

| 负载类型 | | 中型电力变压器 | 过负荷最长时间（h） |
|---|---|---|---|
| 正常周期性负载 | 电流（A，标幺值） | 1.5 | 2 |
| | 顶层油温（℃） | 105 | |
| 长期急救周期性负载 | 电流（A，标幺值） | 1.5 | 1 |
| | 顶层油温（℃） | 115 | |

续表

| 负载类型 | | 中型电力变压器 | 过负荷最长时间（h） |
|---|---|---|---|
| 短期急救负载 | 电流（A，标幺值） | 1.8 | 0.5 |
| | 顶层油温（℃） | 115 | |

## 三、运行电压要求

变压器的运行电压不应高于该运行分接电压的105%，并且不得超过系统最高运行电压。

## 四、并列运行的基本条件

（1）联结组标号相同。

（2）电压比相同，差值不得超过±0.5%。

（3）阻抗电压值偏差小于10%。

（4）电压比不等或者阻抗电压不等的变压器，任何一台变压器除满足《电力变压器　第7部分：油浸式电力变压器负载导则》（GB/T 1094.7—2008）和制造厂规定外，每台变压器并列运行绕组的环流应满足制造厂的要求。

（5）阻抗电压不同的变压器，可以适当提高短路阻抗高的变压器的二次电压，使并列运行变压器的容量均能充分利用。

## 五、紧急申请停运规定

发生下列情况时，应紧急申请停运，停运前应远离设备：

（1）变压器声响明显增大，内部有爆裂声。

（2）严重漏油或者喷油，使油面下降到低于油位计的指示限度。

（3）套管有严重的破损和放电现象。

（4）变压器冒烟着火。

（5）变压器正常负载和冷却条件下，油温指示表计无异常时，若变压器顶层油温异常并不断上升，必要时应申请将变压器停运。

（6）变压器轻瓦斯保护动作，信号多次发出。

（7）变压器附近设备着火、爆炸或发生其他情况，对变压器构成严重威胁。

（8）强油循环风冷变压器的冷却系统因故障全停，超过允许温度和时间等。

（9）其他根据现场实际认为应紧急申请停运的情况。

## 六、巡视

### （一）本体及套管

在巡视本体及套管时，运行监控信号、灯光指示、运行数据等均应正常；引线应无散股、断股；各部位要做到无渗油、漏油；套管油位应正常，套管均压环应无开裂、歪斜，套管外部应无破损裂纹、无严重油污、无放电痕迹，防污闪涂料无起皮、脱落等异常现象；变压器声响应均匀、正常，套管末屏无异常声音；利用红外测温仪检查引线接头、电缆、外壳及箱沿，应无异常发热。同时，也要检查确认变压器外壳、铁心和夹件接地良好，接地引线固定良好，35kV及以下接头及引线绝缘护套良好。

（二）分接开关

巡视分接开关时，要着重检查分接挡位指示与监控系统是否一致。对于三相分体式变压器，三相应置于相同分接挡位，且与监控系统一致。检查确认分接开关机构箱电源指示正常、密封良好，加热、驱潮等装置运行正常；还应检查确认分接开关的油位、油色正常。有在线滤油装置的，应检查确认在线滤油装置工作方式设置正确，电源、压力表指示正常且无渗漏油。

（三）非电量保护装置

对于非电量保护，主要巡视检查确认温度计外观完好、指示正常，表盘密封良好，无进水、凝露，温度指示正常；压力释放阀、安全气道及防爆膜应完好无损；气体继电器内应无气体；气体继电器、油流速动继电器、温度计防雨措施应完好。

（四）储油柜

储油柜用于存储本体及有载分接开关油。巡视储油柜时，主要检查本体及有载分接开关储油柜的油位应与制造厂提供的油温、油位曲线相对应；本体及有载分接开关吸湿器呼吸正常、外观完好，吸湿剂应符合相关要求，油封油位应正常。

（五）其他附件

各控制箱、端子箱和机构箱应密封良好，加热、驱潮等装置运行正常；变压器室通风设备应完好，温度应正常。门窗、照明应完好，房屋应无漏水；电缆穿管端部应封堵严密，各种标志应齐全、明显；检查原存在的设备缺陷是否有发展；变压器导线、接头、母线上应无异物。

## 七、操作

（1）新安装、大修后的变压器投入运行（简称“投运”）前，应在额定电压下做空载全电压冲击合闸试验。加压前应将变压器全部保护投入。新变压器冲击 5 次，大修后的变压器冲击 3 次。第一次送电后运行时间 10min，停电 10min 后再继续第二次冲击合闸，以后每次间隔 5min。

（2）变压器停电操作时按照先停负荷侧、后停电源侧的操作顺序进行；变压器送电时操作顺序与停电时相反。

（3）主变停电前，应先行调整好站用电运行方式。

（4）充电前应仔细检查充电侧母线电压，保证充电后各侧电压不超过规定值。检查主变保护及相关保护连接片投退位置正确，无异常动作信号。

（5）变压器充电后，检查确认变压器无异常声音，遥测、遥信指示应正常，开关位置指示及信号应正常，无异常告警信号。

## 八、维护

（一）吸湿器维护

当吸湿剂受潮变色超过 2/3、油封内的油位超过上下限、吸湿器玻璃罩及油封破损时，应及时维护。当吸湿剂从上部开始变色时，应立即查明原因，及时处理；更换吸湿器及吸湿剂期间，应将相应重瓦斯保护改投信号；对于有载分接开关还应联系调控人员将 AVC（自动电压控制）调挡功能退出。同一设备应采用同一种变色吸湿剂，其颗粒直径 3～5mm，且留有 1/5～1/6 空间。油封内的油应补充至合适位置，补充的油应合格。维护后应保证呼吸顺畅且油杯内有可见气泡、密封完好。

（二）变压器铁心、夹件接地电流测试

35～110kV 变压器每年应至少进行一次铁心、夹件的接地电流测试。在主变新安装及 A、B 类检修重新投运后 1 周内应及时进行测试。测试时，严禁将变压器铁心、夹件的接地点打开，要注意在接地电流直接引下线段进行测试（历次测试位置应相对固定）。

（三）红外检测

不同电压等级变压器的红外检测周期：110（66）kV 变压器以半年为周期；35kV 及以下的变压器以 1 年为周期。在变压器新投运后 1 周内（但应超过 24h）应及时进行红外检测，检测范围为变压器本体及附件，重点检测套管油位、储油柜油位、引线接头、套管及其末屏、电缆终端、二次回路。配置智能机器人巡检系统的变电站，可由智能机器人完成红外普测和精确测温，由专业人员进行复核。

## 第三节　检　修　细　则

### 一、变压器检修类型

（一）大修

变压器大修是指变压器吊心或吊开钟罩的检查和维修。当发生以下情况时，应进行变压器大修：

（1）箱沿焊接的全密封变压器或制造厂另有规定者，若经过试验与检查并结合运行情况，判定有内部故障或本体严重渗漏油时，应进行大修。

（2）在电力系统中运行的主变承受出口短路后，经综合诊断分析，可考虑大修。

（3）运行中的变压器，当发生异常状况或经试验判明有内部故障时，应进行大修。

（二）例行检修

变压器例行检修是一种标准化检修，是以电力系统统一规范的检修作业流程及工艺要求为准则而开展的一种周期性检修模式。其目的是通过对作业流程及工艺要求的严格执行，更好地开展检修工作，确保检修工艺和设备投运质量，使得检修作业专业化和标准化。目前，电力系统变电设备通常采用例行检修模式，周期为 5～6 年进行一次。

（三）状态检修

变压器状态检修是根据设备的寿命和性能，结合设备的运行状况，按照负荷和时间发展的规律，以状态的实时确定来进行电力设备检修工作的体系与机制。定期检修（即前面提到的例行检修）是一种预防性检修，其参考依据是时间或相关规定，有固定的周期；而状态检修的参考依据则是状态，从而将固定的检修周期转换成为实际的运行状态，是一种新型的较为灵活的检修模式，是未来的检修趋势。

### 二、变压器检修周期

（1）基准周期：35kV 及以下 4 年，110（66）kV 及以上 3 年。

（2）可依据设备状态、地域环境、电网结构等特点，在基准周期的基础上酌情延长或缩短检修周期。调整后的检修周期一般不小于1年，也不大于基准周期的2倍。

（3）对于未开展带电检测设备，检修周期不大于基准周期的1.4倍；未开展带电检测老旧设备（大于20年运龄），检修周期不大于基准周期。

（4）110kV新设备投运满1～2年，以及停运6个月以上重新投运前的设备，应进行检修。对核心部件或主体进行解体性检修后重新投运的设备，可参照新设备要求执行。

（5）现场备用设备应视同运行设备进行检修；备用设备投运前应进行检修。

（6）符合以下各项条件的设备，检修可以在周期调整后的基础上最多延迟1个年度：巡视中未见可能危及该设备安全运行的任何异常；带电检测（如有）显示设备状态良好；上次试验与其前次（或交接）试验结果相比无明显差异；上次检修以来，没有经受严重的不良工况。

## 三、变压器本体及各附件的检修与维护

### （一）套管的检修

在变压器大修过程中，一般对油纸电容式套管不做解体检修。对经试验判明电容芯子有轻度受潮时，可用热循环法进行轻度干燥驱潮，以使其介质损耗因数（即介质损耗角正切值 $\tan\delta$）符合相关规定。具体操作方法是：将送油管接到套管顶部的油塞孔上，回油管接到套管尾端的放油孔上，通过不高于（80±5）℃的热油循环，使套管的 $\tan\delta$ 值达到合格为止；一般这种处理时间不超过10h。而当那些本身深度受潮或电容芯子存在严重缺陷，或已发现套管电容芯子存在有树枝状放电痕迹时，则需要在具有专用处理设备的检修场所或在制造厂中进行检修处理，更多的是更换套管。

油纸电容式套管的检修工艺和质量标准：检查和清扫瓷套外表和导电管内壁，检查套管的油位；套管外表和导电管内壁应清洁，油位正常，无渗漏油，无裂纹、破损及放电痕迹；更换升高座法兰上的密封胶垫，更换套管上放油塞、放气塞等可调换的密封胶垫；密封胶垫压缩量，“O”形为1/2，条形为1/3；密封胶垫应密封良好，无渗漏；检查均压球的紧固状况和小套管的连接情况；均压球应与导电管连接紧固，小套管与套管末屏连接可靠，试验结束后应恢复接地；对套管进行绝缘电阻、介质损耗试验，必要时取油样试验，绝缘电阻值、介质损耗值应合格，油试验应合格；回装时，穿缆式的套管引线不能硬拉，引线锥形部分进入均压球内，对各密封面重新密封；引线锥形部分应圆滑地进入均压球，确保引线绝缘和引线的完好，引线与导电管同心，密封面密封良好；测量伏安特性、检查变比（必要时），应与铭牌相符。

### （二）吸湿器的检修

将吸湿器从变压器上卸下，倒出内部硅胶，检查确认玻璃罩完好，并进行清扫；玻璃罩清洁完好，把干燥的硅胶装入吸湿器内，并在顶盖下面留出1/5～1/6高度的空隙；新装吸附剂应干燥，颗粒不小于3mm；失效的硅胶由蓝色变为粉红色，可置入烘箱干燥还原后再用，还原后应呈蓝色；更换胶垫，胶垫质量应符合相关标准规定；下部的油封罩内注入变压器油，并将罩拧紧；加油至正常油位线，能起到呼吸作用；为防止吸湿器摇晃，可用卡具将其固定在变压器油箱上；运行中吸湿器应安装牢固，不受变压器振动

影响；吸湿器的外形尺寸及容量可根据实际部位采用合适的类型。

（三）有载分接开关的检修

1. 有载分接开关的检修周期

（1）随变压器检修进行相应检修。

（2）运行中切换开关或选择开关油室绝缘油，每 6 个月至 1 年或分接变换 2000～4000 次，至少采样 1 次。

（3）分接开关新投运 1～2 年或分接变换 5000 次，切换开关或选择开关应吊心检查 1 次。

（4）运行中分接开关累计分接变换次数达到所规定的检修周期分接变换次数限额后，应进行大修。一般分接变换 1 万～2 万次或 3～5 年也应吊心检查。

（5）运行中分接开关，每年结合变压器小修，操作 3 个循环分接变换。

2. 有载分接开关大修项目

分接开关心体吊心检查、维修、调试；分接开关油室的清洗、检漏与维修；驱动机构检查、清扫、加油与维修；储油柜及其附件的检查与维修；气体继电器、压力释放阀的检查；自动控制箱的检查；储油柜及油室中绝缘油的处理；电动机构及其他器件的检查、维修与调试；各部位密封检查、渗漏油处理；电气控制回路的检查、维修与调试；分接开关与电动机构的联结校验与调试。

3. 有载分接开关的安装及检修中的检查与调整

（1）检查分接开关各部件，包括切换开关或选择开关、分接选择器、转换选择器等应无损坏与变形。各绝缘件应无开裂、爬电及受潮现象；各部位紧固件应良好紧固；触头及其连线应完整无损、接触良好、连接牢固，必要时测量接触电阻及触头的接触压力、行程；铜编织线应无断股现象；检查过渡电阻有无断裂、松脱现象，并测量过渡电阻值，其值应符合要求；检查分接开关引线各部位绝缘距离；分接引线长度应适宜，以使分接开关不受拉力；分接开关与其储油柜之间的阀门应开启。

（2）分接开关密封检查。在变压器本体及其储油柜注油的情况下，将分接开关油室中的绝缘油抽尽，检查油室内是否有渗漏油现象，最后进行整体密封检查，包括附件和所有管道均应无渗漏油现象；清洁分接开关油室与心体，注入符合标准的绝缘油，储油柜油位应与环境温度相适应；在变压器抽真空时，应将分接开关油室与变压器本体联通；分接开关真空注油时，必须将变压器本体与分接开关油室同时抽真空。

（3）检查电动机构，包括驱动机构、电动机传动齿轮、控制机构等，应固定牢固、操作灵活、连接位置正确，无卡涩现象，转动部分应该注入符合制造厂规定的润滑脂；刹车皮上无油迹，刹车可靠；电动机构箱内清洁，无脏污，密封性能符合防潮、防尘、防小动物的要求；分接开关和电动机构的联结必须做联结校验；切换开关动作切换瞬间到电动机构动作结束之间的圈数，要求两个旋转方向的动作圈数符合产品说明书要求；联结校验合格后，必须先手摇操作一个循环，然后电动操作；分接开关本体工作位置和电动机构指示位置应一致；油流控制继电器或气体继电器动作的油流速度应符合制造厂要求，并应校验合格，其跳闸触点应接变压器跳闸回路。

（4）手摇操作检查。手摇操作一个循环，检查传动机构是否灵活，电动机构箱中的联锁开关、极限开关、顺序开关等动作是否正确；检查极限位置的机械制动及手摇与电动闭锁是否可靠；检查水平轴与垂直轴安装是否正确；检查分接开关和电动机构联结的正确性；正向操作和反向操作时，两者转动角度与手摇转动圈数应符合产品说明书要求，电动机构和分接开关每个分接变换位置及分接变换指示灯的显示应一致，计数器动作应正确。

（5）电动操作检查。先将分接开关手摇操作置于中间分接位置，接入操作电源，然后进行电动操作，判别电源相序及电动机构转向。若电动机构转向与分接开关规定的转向不相符合，应及时纠正，然后逐级分接变换一个循环；启动按钮、紧急停车按钮、电气极限闭锁动作、手摇操作电动闭锁、远方控制操作均应准确可靠。每个分接变换的远方位置指示、电动机构分接位置显示与分接开关分接位置指示均应一致，动作计数器动作应正确。

## 第四节 试 验 细 则

### 一、绕组连同套管的绝缘电阻、吸收比或（和）极化指数

#### （一）试验目的

测量绕组连同套管一起的绝缘电阻、吸收比或（和）极化指数，对检查变压器整体绝缘状况具有较高的灵敏度，能有效地检查出变压器绝缘整体受潮或老化、部件表面受潮或脏污以及贯穿性的几种缺陷。

#### （二）试验方法

断开变压器有载分接开关、风冷电源、退出变压器本体保护等，将变压器各绕组接地放电，对大容量变压器应充分放电（5min 以上）。放电时应使用绝缘工具进行，不得用手触碰放电导线，注意要拆除变压器对外一切连线。使用绝缘电阻表前先检查表计是否正常，使用不小于 2500V 绝缘电阻表测量电压，变压器的外壳、铁心、夹件、绝缘电阻表的“E”端接地，非测量绕组和升高座电流互感器的二次短路接地，被试绕组各引出端短接，接绝缘电阻表“L”端进行测量。开始绝缘电阻测试，记录 15、60、600s 时的绝缘电阻值 $R_{15s}$、$R_{60s}$、$R_{600s}$。吸收比 $DAR = IR_{60s} / IR_{15s}$，极化指数 $PI = IR_{600s} / IR_{60s}$。注意，当 $IR_{60s}$＞5000MΩ 时，极化指数不一定能作为绝缘情况好坏的反映。测量结束后记录绝缘电阻，电压等级旋钮旋至“OFF”关闭电源。绕组连同套管的绝缘电阻、吸收比或（和）极化指数试验接线如图 2-9 所示。

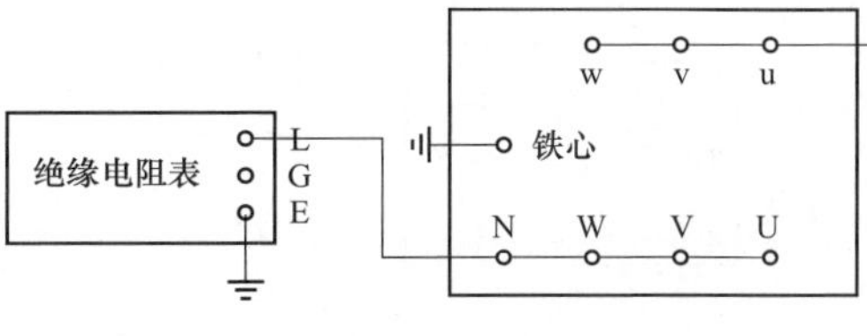

图 2-9 绕组连同套管的绝缘电阻、吸收比或（和）极化指数试验接线示意图

#### （三）注意事项

（1）每次试验应选用相同电压、相同型号的绝缘电阻表。

（2）测量时宜使用高压屏蔽线；若无高压屏蔽线，测试线不要与地线缠绕，应尽量

悬空。

（3）测量应在天气良好的情况下进行，且空气相对湿度不高于 80%。若遇天气潮湿、套管表面脏污，则需要使用高压屏蔽线。

（四）标准要求

（1）绝缘电阻换算至同一温度下，与前一次测试结果相比应无明显变化。

（2）吸收比（10～30℃范围）不低于 1.3 或极化指数不低于 1.5。

## 二、绕组连同套管的直流泄漏电流

（一）试验目的

测量变压器的泄漏电流能灵敏地反映变压器瓷质绝缘的裂纹、夹件绝缘内部受潮及局部松散断裂、绝缘油劣化、绝缘的沿面碳化等缺陷。对于判断局部缺陷，测量泄漏电流比测量绝缘电阻更有特殊意义。

（二）试验方法

断开变压器有载分接开关、风冷电源、退出变压器本体保护等，将变压器各绕组接地放电，对大容量变压器应充分放电（5min 以上）。放电时应使用绝缘工具进行，不得用手触碰放电导线，注意要拆除变压器对外一切连线。绕组连同套管的直流泄漏电流试验接线如图 2-10 所示。变压器的外壳、铁心、夹件、高压直流发生器外壳的“E”端接地，非测量绕组和升高座电流互感器的二次短路接地，被试绕组各引出端短接，接入高压电流表（μA）芯线，合上控制箱电源开关，将“升压旋钮”从零开始均匀缓慢地升高电压，同时观察“电压测量”观察窗口。控制升压速度不可以过慢，以免造成设备耐压时间过长。从试验电压的 75%开始，以每秒 2%的速度上升，待 1min 后读取泄漏电流值；对大容量（12 000kVA 及以上）变压器，升到规定的试验电压，待 2～3min 后读取泄漏电流值比较准确。试验结束后，降低电压为零，断开控制箱电源开关，用放电棒对被试部位进行充分放电。

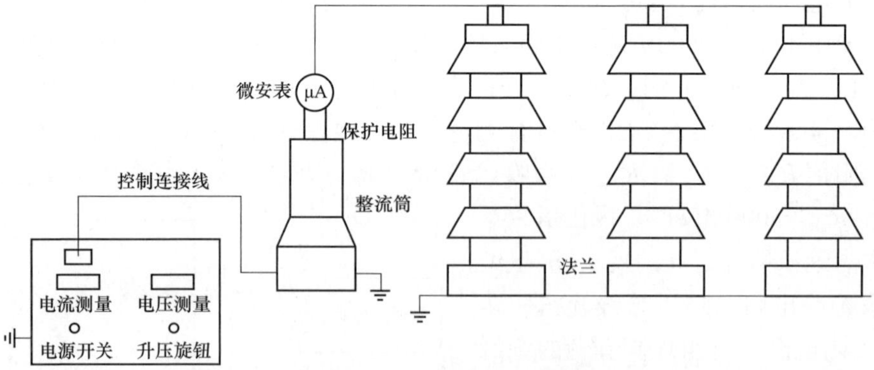


图 2-10　绕组连同套管的直流泄漏电流试验接线示意图

（三）注意事项

（1）分级绝缘变压器试验电压应按被试绕组电压等级的标准，但不能超过中性点绝缘的耐压水平。

（2）测量时的高压引线应使用屏蔽线，避免引线泄漏电流对结果的影响。

（3）电流表（μA）应接在高压端。

（4）采用负极性直流电压输出。

（四）标准要求

20℃环境条件下，泄漏电流值不应大于 50μA。

## 三、绕组连同套管的介质损耗及电容量

（一）试验目的

油纸绝缘是有损耗的，在交流电压作用下有极化损耗和电导损耗，通常用 $\tan\delta$ 来描述介质损耗的大小。$\tan\delta$ 与绝缘材料的形状、尺寸无关，只取决于绝缘材料的绝缘性能，所以 $\tan\delta$ 可作为判断绝缘状态是否良好的重要标准之一。绝缘性能良好的变压器的 $\tan\delta$ 值一般较小，若变压器存在着绝缘缺陷，则可将变压器绝缘分为完好和绝缘缺陷两部分。当有绝缘缺陷部分的体积（电容量）占变压器总体积（电容量）的比例较大时，测量的 $\tan\delta$ 值也较大，这说明试验反应绝缘灵敏，反之不灵敏。所以，$\tan\delta$ 试验能较好地反映出分布性缺陷或部分体积较大的集中性缺陷（如变压器整体受潮或老化、变压器油质劣化以及较大面积的绝缘受潮或老化等）。由于套管的体积远小于变压器体积，在进行变压器 $\tan\delta$ 试验时，即使套管存在明显的绝缘缺陷也无法反映出来，所以套管需要单独进行 $\tan\delta$ 试验。

（二）试验方法

将变压器各绕组接地放电，对大容量变压器应充分放电（5min 以上）。放电时应使用绝缘工具进行，不得用手触碰放电导线，注意要拆除变压器对外一切连线。绕组连同套管的介质损耗及电容量试验接线如图 2-11 所示，试验接线采用反接法。变压器的外壳、铁心、夹件、高压介质损耗电桥的外壳的“E”端接地，非测量绕组和升高座电流互感器的二次短路接地，将变压器被测量绕组各引出端短接接入高压介质损耗电桥。打开电源开关，打开“内高压”，选择“反接法”，设置测试电压为 10kV，长按“启停”按钮开始测试。测试结束，出现数据后立刻关闭“内高压”，记录数据并关闭电源。

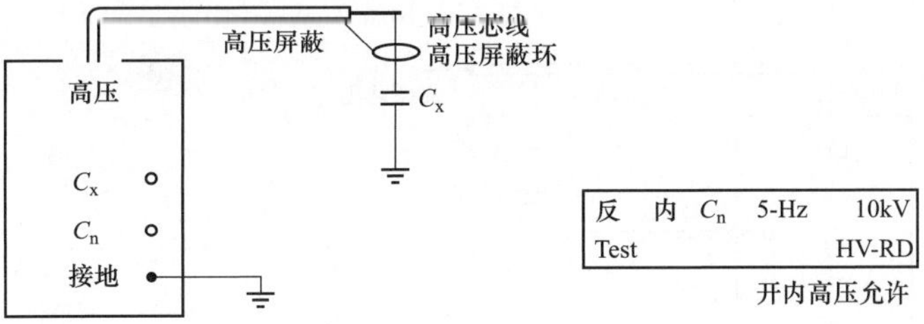


图 2-11 绕组连同套管的介质损耗及电容量试验接线示意图

（三）注意事项

（1）应排除干扰以保证测量结果的可靠性。

（2）试验中高压测试线的电压为 10kV，应注意其对地绝缘。

（四）标准要求

（1）20℃时的 $\tan\delta$ 值：110kV 绕组不大于 0.8%，35kV 绕组不大于 1%。

（2）$\tan\delta$ 值与历年的数值比较不应有显著变化（一般变化不大于 30%）。

（3）试验电压 10kV（10kV 以下绕组为 $U_N$）。

## 四、电容型套管末屏对地绝缘电阻

### （一）试验目的

测量电容型套管末屏对地的绝缘情况。

### （二）试验方法

使用 2500V 绝缘电阻表测量，拆除被测电容型套管末屏接地，套管末屏接绝缘电阻表“L”端，绝缘电阻表“E”端接地进行测量。在对应测试模式下开始测试末屏对地的绝缘电阻，记录 60s 绝缘电阻值。测量结束后，关闭试验电源。

### （三）注意事项

（1）试验完毕后，必须对末屏小套管进行充分放电。

（2）将末屏小套管及时恢复原有状态，接地可靠。

### （四）标准要求

（1）末屏对地的绝缘电阻不应低于 1000MΩ。

（2）当电容型套管末屏对地绝缘电阻小于 1000MΩ 时，应测量末屏对地 $\tan\delta$（试验电压 2kV），其值不大于 2%。

## 五、电容型套管的介质损耗及电容量

### （一）试验目的

能较好地反映套管分布性缺陷或部分体积较大的集中性缺陷。由于套管的体积远小于变压器体积，在进行变压器介质损耗试验时，即使套管存在明显的绝缘缺陷也无法反映出来，所以套管需要单独进行介质损耗试验。

### （二）试验方法

试验接线采用正接法。将被测套管连接线夹接入高压输出端，拆除套管末屏接地，将末屏接入介质损耗电桥低压信号端 $C_x$。电容型套管介质损耗试验接线如图 2-12 所示。

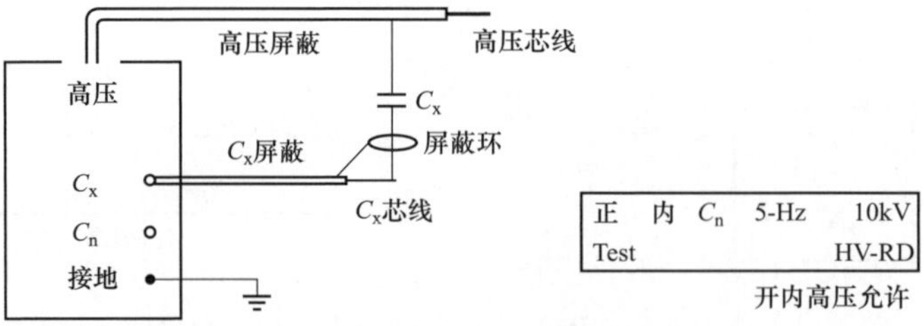


图 2-12 电容型套管介质损耗试验接线示意图

打开电源开关，打开“内高压”，选择“正接法”，设置测试电压为 2kV，长按“启停”按钮开始测试。测试结束后出现数据，关闭“内高压”，记录数据并关闭电源。

### （三）注意事项

（1）应排除干扰以保证测量结果的可靠性。

（2）试验中高压测试线电压为 10kV，应注意其对地绝缘。

（3）将末屏小套管及时恢复原有状态，接地可靠。

（四）标准要求

（1）20℃时的 tan$\delta$ 值应不大于 1.0%（66～110kV）。

（2）电容型套管的电容值与出厂值或上一次试验值的差别超出±5%时，应查明原因。

## 六、铁心和夹件对地及相互之间的绝缘电阻

（一）试验目的

测量铁心和夹件对地及相互之间的绝缘情况。

（二）试验方法

绝缘电阻测量采用 2500V（老旧变压器采用 1000V）绝缘电阻表，拆除铁心（夹件）的接地引出线，测试铁心（夹件）及相互的绝缘电阻。铁心（夹件）接绝缘电阻表“L”端，绝缘电阻表“E”端接地进行测量；测试铁心与夹件相互之间的绝缘时，绝缘电阻表“L”端接铁心，绝缘电阻表“E”端接夹件，使用 2500V 绝缘电阻表测量铁心和夹件的相互之间的绝缘。测量结束后记录绝缘电阻值，电压等级旋至“OFF”关闭电源，用放电棒对铁心进行放电，观察有无放电声音或火花，并恢复铁心接地线。

（三）注意事项

（1）试验完毕后，必须对铁心（夹件）进行充分放电。

（2）将铁心（夹件）的外引出接地及时恢复原有状态，并可靠接地。

（四）标准要求

（1）试验持续时间为 1min，应无闪络及击穿现象。

（2）绝缘电阻不小于 100MΩ（状态检修）。

## 七、频响法绕组变形试验

（一）试验目的

大部分大型电力变压器的绝缘与机械故障都是由于绕组结构的机械变化而引起的。这些绕组结构中的位移可能是由于运输损坏、出口短路，或是用于支撑绕组的绝缘结构自然老化所造成。频响法绕组变形试验可以发现铁心移动、绕组变形和移位、铁心接地故障、部分绕组折叠、线圈变形、夹件松动或断裂、匝间短路和绕组开路等故障。

（二）试验方法

通过专用测试线将被试变压器的被试绕组引出端与测试仪的三个端口有效连接：连接红色（源极与基准）鳄鱼夹与套管顶部，使套管底部接地，确保编织接线而非铜管接触套管顶部的导体；连接黑色（测量）鳄鱼夹与另一套管顶部，使套管底部接地，确保编织接线而非铜管接触套管顶部的导体。频响法绕组变形试验接线如图 2-13 所示。接线连接完成并检查确认正确后，通过计算机软件建立与仪器的通信，建立相应测试文件，测试完毕后得到如图 2-14 所示测试曲线。对同一台变压器的三相频响曲线进行比较，若有前次测试数据，则对同一台变压器的两次测试结果进行比较。试验完成后，检查数据

文件是否存妥，然后退出测试系统并依次关机，拆除试验接线。测试应在最大电压分接位置进行。

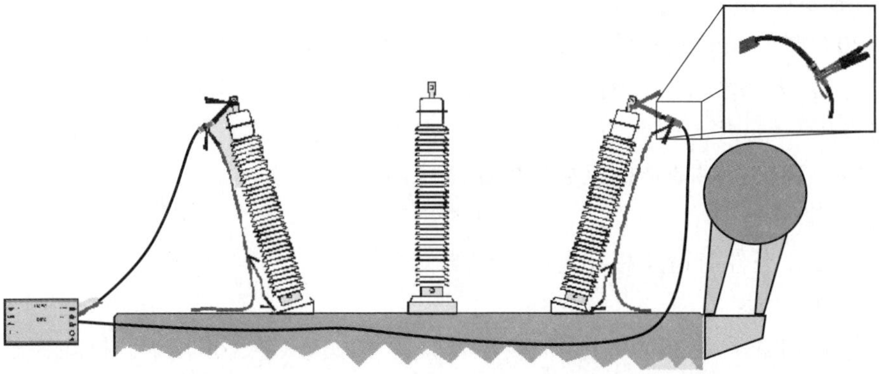

图 2-13　频响法绕组变形试验接线示意图

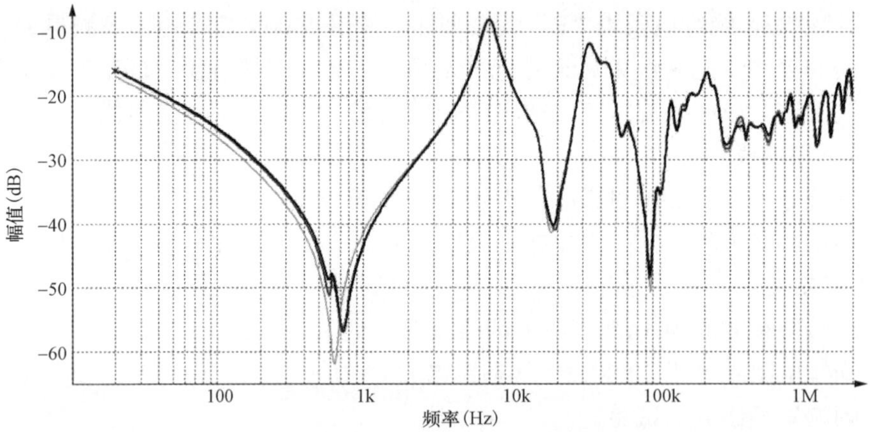


图 2-14　频响法绕组变形测试曲线

（三）注意事项

（1）试验前，仪器应可靠接地。

（2）试验线的线夹和套管上端的搭接头必须接触良好。

（3）试验引线与套管间杂散电容可能会影响其频响曲线高频部分的一致性，应尽量在前后试验或三相试验时保持一致。

（4）试验时应避免噪声的影响。

（5）测试的拆线部位为变压器套管处。

（四）标准要求

谐振点频率无明显变化。

## 八、有载分接开关试验

（一）试验目的

有载分接开关是一种为变压器在负载变化时提供恒定电压的开关装置，用于在不中断负载电流的情况下，实现变压器绕组中分接头之间的切换，从而改变绕组的匝数，即变压器的电压比，达到调压的目的。为保证变压器分接开关的可靠性，规程要求检查有载分接开关的动作顺序，测量切换时间、过渡电阻等。

（二）试验方法

测量有载分接开关各相过渡电阻和接触电阻。将测试线夹在变压器相应的绕组上，另一端分别插在对应的仪器面板插口上，根据不同的试品情况选择接线方式并完成连接；再用短路线将试品的其他二次侧绕组短路并接地。

1. 星形有中性点引出接线

星形有中性点引出接线变压器试验接线如图 2-15 所示。

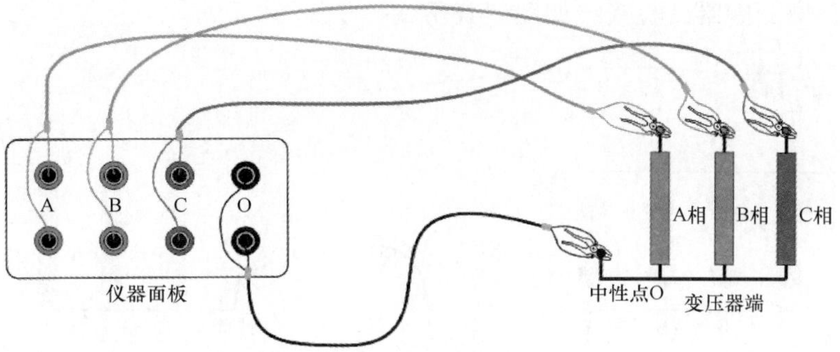


图 2-15 星形有中性点引出接线变压器试验接线示意图

2. 星形无中性点引出接线

星形无中性点引出接线变压器试验接线如图 2-16 所示。

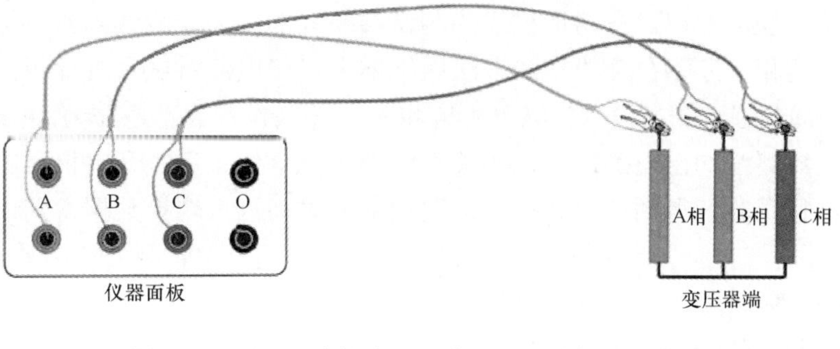


图 2-16 星形无中性点引出变压器试验接线示意图

3. 三角形接线

三角形接线变压器试验接线如图 2-17 所示。

4. 无绕组

对于变压器厂生产的或吊心处理的变压器，测试前应将所有分接位短路（即原来接绕组的地方用短路线代替），再将黄、绿、红、黑测试夹分别接有载分接开关的 X1、Y1、Z1、O 上。

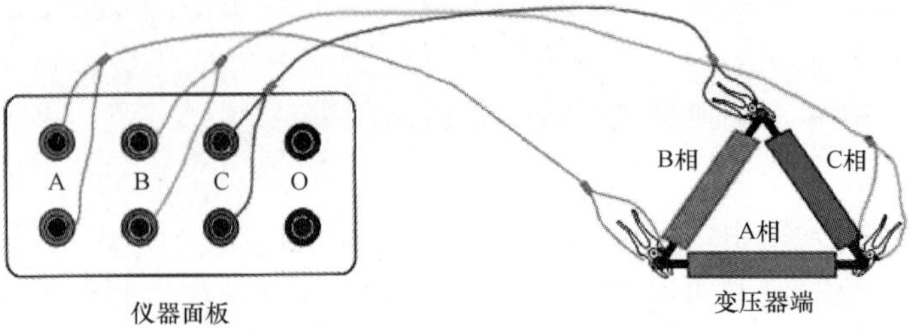


图 2-17　三角形接线变压器试验接线示意图

5. 三相合并

三相合并型变压器试验接线如图 2-18 所示。

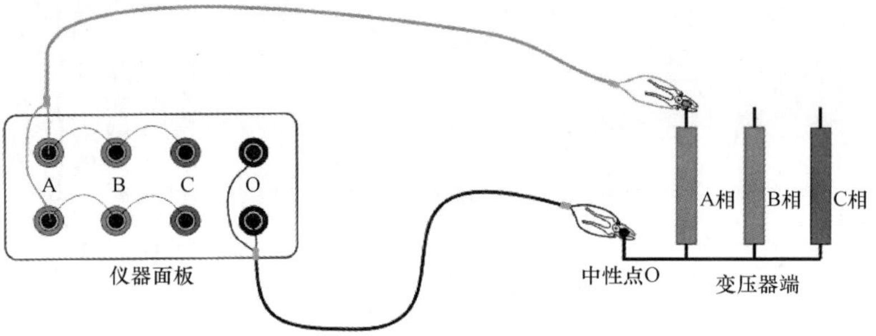


图 2-18　三相合并型变压器试验接线示意图

与星形有中性点引出的接线不同的是，对于星形无中性点引出的接线方式，每次试验只能测试其中两相，另一相作为中性点，C 相必须接，而且在"测试设置"菜单中应将 C 相设置为"负"输出。三角形接线的测试结果只能作为一般性判断，每次可以测试其中一相或者两相。三相合并的接线方法用于增大三倍电流对试品进行测试，但每次只能测试一相，而且在"测试设置"菜单中应将三相并联设置为"是"。确认电源线、接地线、测试线及短路线均已正确连接，相关人员处于安全位置后，开启仪器电源开关；操作试验设备进行试验，得到试验波形后选取相应的时间点，转换数据得到切换时间、过渡电阻。

（三）注意事项

（1）试验前，仪器应可靠接地。

（2）试验线的线夹和套管上端的搭接头必须接触良好。

（3）试验引线与套管间杂散电容可能会影响其频响曲线高频部分的一致性，应尽量在前后试验或三相试验时保持一致。

（4）试验时应避免噪声的影响。

（5）测试的拆线部位为变压器套管处。

（四）标准要求

（1）正反方向的切换程序与时间均应符合制造厂要求。

（2）绝缘油注入切换开关油箱前，其击穿电压应不小于 40kV（交接试验）或 30kV（状态检修）。

（3）二次回路绝缘电阻不小于 1MΩ。

九、短路阻抗

（一）试验目的

变压器短路阻抗试验是鉴定运行中变压器受到短路电流的冲击，或变压器在运输和安装时受到机械力撞击后，检查其绕组是否变形的最直接方法。它对于判断变压器能否投入运行具有重要的意义，也是判断变压器是否需要进行解体检查的依据之一。

（二）试验方法

将测试线夹在变压器高压绕组上，另一端分别插在对应的仪器面板插口上，根据不同的试品情况选择接线方式并完成连接；再用短路线将试品的其他次级绕组短路悬空。根据变压器不同选择如下接线方法。

1. 三相变压器

三相变压器短路阻抗试验接线如图 2-19 所示。

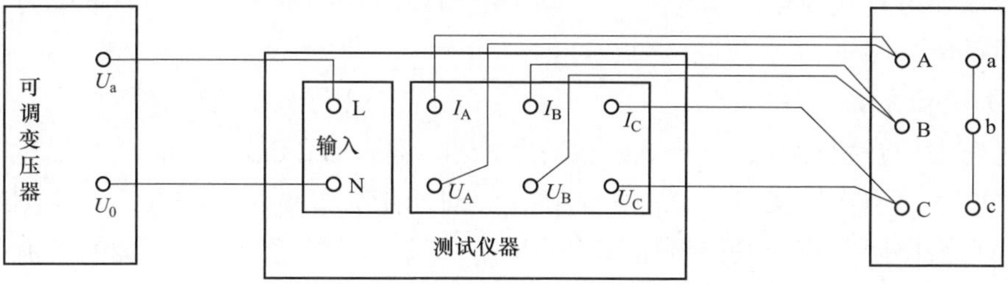


图 2-19 三相变压器短路阻抗试验接线示意图

2. 单相变压器

单相变压器短路阻抗试验接线如图 2-20 所示。

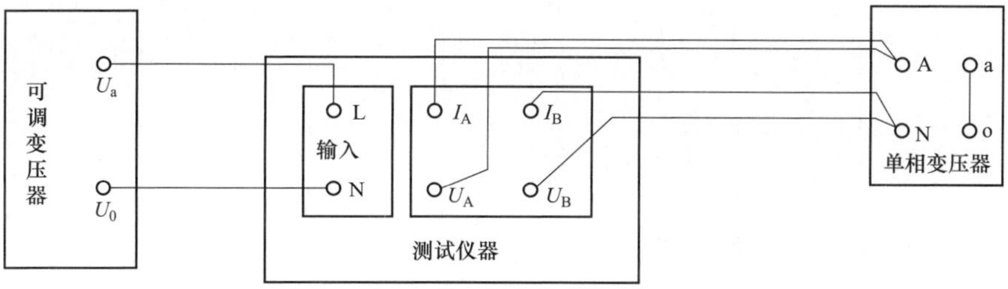


图 2-20 单相变压器短路阻抗试验接线示意图

确认接线正确后，在高压绕组铭牌额定挡加压，短接低压绕组。打开试验电源，触摸点击相应测试菜单，进入参数设置页。试验前，应根据变压器铭牌进行参数设置，设置完成后进行参数保存，进入测试页。以三相变压器为例，点击“AB”进行变压器 A、B 相短路测试，此时显示电压、电流、功率值，并弹出“停止”选项。点击“停止”选项停止 A、B 相短路测试，依次进行 B、C 相和 C、A 相测试。三相全都测试过后，将自动进行计算并显示阻抗、电阻、电感、短路阻抗、误差值等。记录试验数据，断开试验电源。

（三）注意事项

（1）选择或设置的所有参数必须与实际情况一一对应。

（2）用于短接的导线或导体应采用低阻抗的导线，并尽可能短。

（四）标准要求

（1）在相同测试电流情况下，低电压短路阻抗测试结果与出厂值（初值）的偏差一般不大于 2%。

（2）低电压短路阻抗测试电流一般不小于 10A。

## 十、直流电阻

（一）试验目的

直流电阻试验可以检查变压内部导电回路的焊接或接触是否良好、引线连接是否正确等，如绕组内部导线及引线的焊接质量、引线与各导电部分的连接是否紧固并接触良好、分接开关触头接触是否良好等。在无励磁分接开关切换、有载分接开关检修以及变压器大修后要进行直流电阻试验，变压器经过出口短路或油色谱判断有故障时也要进行直流电阻试验。

（二）试验方法

绕组有中性点引出时，应测试各相对中性点（即 AO、BO、CO）的直流电阻，将被试绕组与中性点引出线接入直流电阻测试仪。对于带有载调压方式的绕组，测量所有分接挡位的直流电阻；带无励磁调压方式的绕组，只需测量运行分接挡位的直流电阻。确认试验接线正确后打开电源，进入数据测试页面，输入绕组温度（顶层油温）、分接位置、测试相别，测试电流可选择自动，启动测量开始测试。测试完成后，记录试验数据，断开试验电源。直流电阻试验接线如图 2-21 所示。

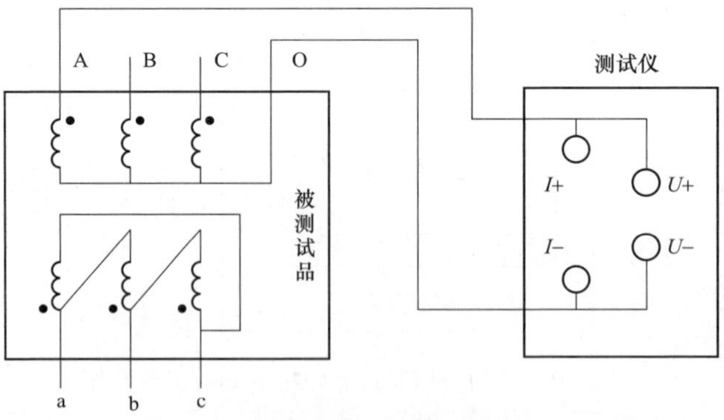


图 2-21　直流电阻试验接线示意图

（三）注意事项

（1）任一绕组测试完毕后，应进行充分放电。

（2）必须准确记录变压器顶层油温。

（四）标准要求

（1）在相同温度下，三相绕组直流电阻相互间的差别不应大于三相平均值的 2%；无中性点引出的绕组，三相绕组间直流电阻的差别不应大于三相平均值的 1%。

（2）与出厂值或初值比较，其直流电阻的变化不应大于 2%。

## 十一、变比测试

（一）试验目的

对运行的变压器进行匝数比或电压比测试，可以检查变压器匝数比的正确性、分接开关的状况、变压器是否匝间短路、变压器是否可以并列运行。

（二）试验方法

将变比测试仪高压侧接线柱上的三个夹子分别接至被测变压器高压侧，低压侧接线柱上的三个夹子分别接至被测变压器低压侧。根据被测变压器的铭牌、接线组别对变比测试仪进行设置。对于多绕组变压器，应测量带分接开关绕组对其余绕组所有分接头的变比。以三相变压器为例，确认试验接线正确后打开试验电源，选择“三相测试”进入三相测试界面，填写“额定高压”“额定低压”“调压比值”“额定分接”“高压联结组别”“低压联结组别”“测量方式”，填写完成后点击“测试”。测试完成后，记录试验数据，断开试验电源。变比测试接线如图 2-22 所示。

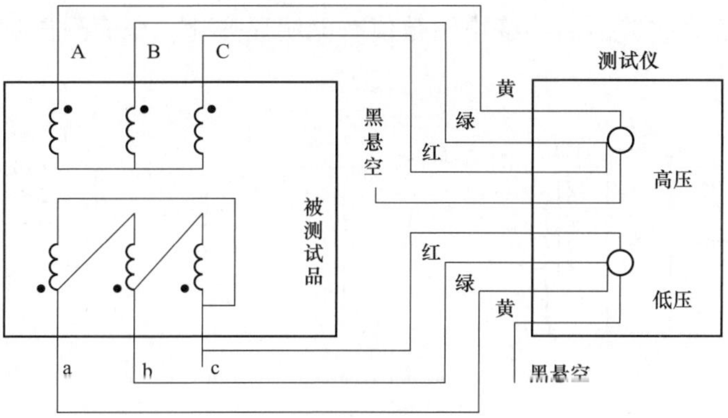


图 2-22 变比测试接线示意图

（三）注意事项

（1）高、低压线不能接反，否则将产生高压，危及人身及仪器安全。

（2）测试前应正确输入被测变压器的铭牌、型号。

（四）标准要求

（1）各相应分接头的电压比与铭牌值（初值）相比，不应有显著差别，且符合规律。

（2）额定分接电压比允许偏差为±0.5%，其他分接的电压比应在变压器阻抗电压值（%）的 1/10 以内，但不得超过±1%。

（3）校核变压器极性必须与变压器铭牌和顶盖上的端子标识相一致。

## 十二、交流耐压试验

### （一）试验目的

交流耐压试验是鉴定电气设备绝缘强度最有效和最直接的方法，用于检查主变投产前主绝缘（包括绕组间、绕组对地和油介质等）的绝缘性能是否良好，绝缘强度能否满足运行电压的要求。

### （二）试验方法

首先变频电源的接地线接好，将变频电源的输出与激励变压器的输入进行连接，激励变压器接地端接地，将电抗器串联（电抗器个数根据被试品参数计算）；然后将激励变输出端与其中一个电抗器尾端连接，电抗器顶端与电容分压器顶端连接，电容分压器下端将分压信号线和接地线分别连接变频电源和接地线；最后将变压器被试绕组与电抗器顶端连接，被试变压器非被试绕组短接接地。试验前，先对被试绕组进行绝缘电阻测试，数据正常方可接通变频电源。打开变频电源开关，点击“参数设置”进入参数设置页面，首先设置试验电压（试验电压参考被试品参数，为出厂试验值的 80%），试验时间设置 1min。参数设置完成后点击“返回”键返回，仪器会返回上一级主界面。进入主界面点击“自动试验”，可以看到设置的参数。点击“开始试验”，仪器会自动寻找谐振点，自动升压，升压到试验电压时仪器会自动进入到耐压计时，当耐压时间到达后自动降压。降压结束后，记录谐振频率，对被试绕组进行充分放电后再次进行绝缘电阻测试，检查绝缘有无被击穿，比较前后绝缘电阻数值有无明显变化。交流耐压试验接线如图 2-23 所示。

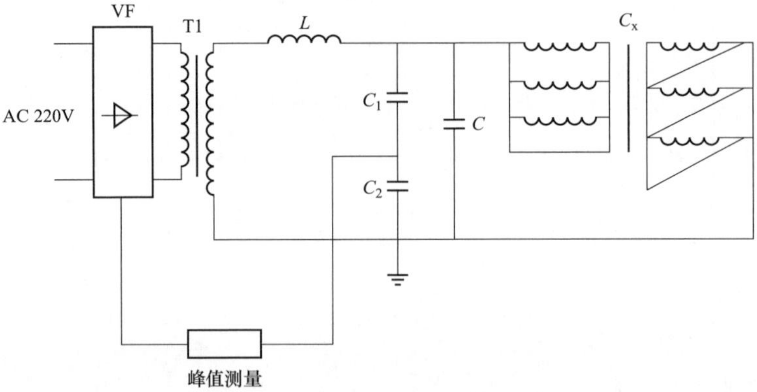


图 2-23　交流耐压试验接线示意图

### （三）注意事项

（1）交流耐压试验必须在被试变压器全部安装结束，注油后静置 24h 才可进行。

（2）各项非破坏性试验全部结束，并综合分析试验结果全部合格后，方可进行交流耐压试验。

（3）耐压试验后各绕组绝缘电阻与耐压试验前应无明显差别（换算至同一温度下）。

### （四）标准要求

（1）试验电压下的试验持续时间为 1min。

（2）试验频率在 45～65Hz 范围内。

（3）试验时，电压、频率不突然发生变化，无放电声，则认为试验合格。有轻微放电声，在重复试验中消失，也认为试验合格。

（4）耐压试验前后，绕组绝缘电阻不应有明显变化。

## 第五节 常见故障与典型案例

### 一、变压器常见故障

#### （一）变压器过热

过热对变压器是极其有害的，变压器绝缘损坏大多是由过热引起，因为温度的升高降低了绝缘材料的耐压和机械强度。《电力变压器运行规程》（DL/T 572—2021）指出，变压器最热点温度达到 140℃时，油中就会产生气泡，气泡会降低绝缘或引发闪络，造成变压器损坏。

变压器的过热对变压器的使用寿命影响极大，根据变压器运行的“6℃法则”，在 80～140℃的温度范围内，温度每增加 6℃，变压器绝缘有效使用寿命降低的速度会增加一倍。《电力变压器　第 1 部分：总则》（GB 1094.1—2013）中也有规定，油浸变压器绕组平均温升限值为 65K，顶部油温升限值为 55K，铁心和油箱温升限值为 80K。

变压器过热主要表现为油温异常升高，其主要原因可能有：变压器过负荷；冷却装置故障（或冷却装置未完全投入）；变压器内部故障；温度指示装置误指示。

当发现变压器油温异常升高时，应对以上可能的原因逐一进行检查，做出准确判断，检查和处理要点如下：

（1）若运行仪表指示变压器已过负荷，单相变压器组三相各温度计指示基本一致（可能有几度偏差），变压器及冷却装置正常，则油温升高由过负荷引起，应加强对变压器（负荷、温度、运行状态）的监视，并立即向上级调度部门汇报，建议转移负荷以降低过负荷倍数和缩短过负荷时间。

（2）若是冷却装置未完全投入引起的，应立即投入；若是冷却装置故障，应迅速查明原因，立即处理，排除故障。若故障不能立即排除，则必须密切监视变压器的温度和负荷，随时向上级调度部门和有关生产管理部门汇报，降低变压器运行负荷，按相应冷却装置冷却性能与负荷的对应值运行。

（3）若远方测温装置发出温度告警信号，且指示温度值很高，而现场温度计指示并不高，变压器又没有其他故障，则可能是远方测温回路故障误告警，这类故障可在适宜的时候予以排除。

（4）如果三相变压器组中某一相油温升高，明显高于该相在过去同一负荷、同样冷却条件下的运行油温，而冷却装置、温度计均正常，则过热可能是由变压器内部的某种故障引起，应通知专业人员立即取油样作色谱分析，进一步查明故障。若色谱分析表明变压器存在内部故障，或变压器在负荷及冷却条件不变的情况下，油温不断上升，则应按现场规程规定将变压器退出运行。

（二）冷却装置故障

冷却装置通过变压器油帮助绕组和铁心散热。500kV 主变均采用强迫油循环强力风冷方式。冷却装置可正常运行，是变压器正常运行的重要条件。冷却设备故障是变压器常见的故障，当冷却设备遭到破坏，变压器运行温度迅速上升，变压器绝缘的寿命损失急剧增加。在冷却设备故障期间，运行人员应密切监视变压器的温度和负荷，随时向上级调度部门和运行负责人汇报，如变压器负荷超过冷却设备故障条件下规定的限值时，应按现场规程的规定申请减负荷。需注意的是，在油温上升过程中，绕组和铁心的温度上升快，而油温上升较慢。可能从表面上看油温上升不多，但铁心和绕组的温度已经很高了；特别是油泵故障时，绕组对油的温升远远超过铭牌规定的正常数值，可能从表面上看油温似乎上升不多甚至没有明显上升，而铁心和绕组的温度可能已经远远超过容许值。以后随着油温逐渐升高，绕组和铁心的温度将按一定负载和冷却条件下保持对油温升为一定值的规律，继续上升到更高数值。所以，在冷却装置存在故障时，不但要观察油温、绕组温度，而且要按照制造厂说明和现场规程规定的冷却设备停运情况下变压器容许运行的容量和时间，注意变压器运行的其他变化，综合判断变压器的运行状况。

检查冷却设备的故障，应根据故障停运的范围（是个别油泵风扇停转还是整组停转，是一相停转还是三相停转），对照冷却设备控制回路图查找故障点，尽量缩短冷却设备停运时间。

如果变压器个别风扇或油泵故障停转，而其他设备运行正常，可能的故障原因有：

（1）该风扇或油泵三相电源有一相断路（熔断器熔断、接触不良或断线），使电动机运行电流增大，热继电器动作或切断电源，或使电动机烧坏。

（2）风扇或油泵轴承的机械故障。

（3）该风扇或油泵控制回路中相应的控制继电器、接触器或其他元件故障，或者回路断线（如端子松动、接触不良）。

（4）热继电器定值过小而误动。如查明原因属于电源或回路故障时，应迅速修复断线，更换熔断器，恢复电源及回路正常。如控制继电器损坏，应用备品更换。若风扇或油泵损坏，应立即申请检修。如果变压器有一组（或若干台）风扇或油泵同时停转，可能原因是该组电源故障、熔断器熔断或热继电器动作，或控制继电器损坏；应立即投入备用风扇或备用油泵，然后处理恢复。主变有一组或三相油泵风扇全部停止运转，必然是主变该相或三相冷却装置总电源故障引起；此时应查看备用电源是否自动投入，若未能自动投入，应迅速手动投入备用电源，查明故障原因，予以消除。

在处理电源故障、恢复电源时应注意以下几点：

（1）重装熔断器时，就先拉开回路电源和负荷侧断路器、隔离开关。因为在带电逐相换装熔断器的过程中，当装上第二相熔断器时，三相电动机加上两相电源，会产生很大电流，使装上的熔断器又熔断。

（2）应使用合乎设计规格容量的熔断器。

（3）恢复电源重新启动冷却设备时，尽可能采取分步分组启动的步骤，避免所有风扇油泵同时启动，造成电流冲击，可能使熔断器再次熔断。

（4）三相电源恢复正常后，风扇或油泵仍不启动，可能是由于热继电器动作未复归所致，此时应复归热继电器。冷却设备若无故障，应可重新启动。

（三）油位异常

变压器油位不正常，包括本体油位不正常和有载分接开关油位不正常两种情况。500kV 变压器一般采用带有隔膜或胶囊的储油柜，用指针式油位计反映油位。通过油位计，可以观察本体和有载分接开关的油位。

（1）变压器油位低，应查明原因：如果由于低气温、低负载，油温下降，使油位降低到最低油位线，应及时加油；如果变压器严重漏油引起油位降低，应立即采取措施制止漏油，并加油。

（2）变压器油位过高，可能原因有：注油量过多，在高气温、高负载时，油位随温度上升；冷却器装置故障；变压器本身故障。

变压器油位过高时，应检查负荷和油温，检查冷却系统是否正常、所有阀门位置是否正确，注意变压器本身有无故障迹象。若油位过高或出现溢油，而变压器无其他故障现象，可适当放出少量变压器油。

（3）变压器有载分接开关储油柜油位过高，除油温等因素影响外，还可能是有载开关切换开关的油箱由于电气接头过热或其他原因致使密封破坏，变压器本体绝缘油渗漏进入有载分接切换开关油箱内，导致有载分接开关油位异常上升。当有载分接开关油位异常并不断上升，甚至从有载分接开关储油柜吸湿器通道向外溢出时，应立即向调度部门汇报，请有关专业人员进行检测分析，申请将故障变压器退出运行，进行检修。

（四）轻气体继电器动作

变压器轻气体继电器动作，表明变压器运行异常，应立即进行检查处理，方法如下：

（1）对变压器外观、声音、温度、油位、负荷进行检查，若发现漏油严重，油位在油位指示计 0 刻度以下，可能油位已降低至作用于信号的气体继电器以下，这时应立即使变压器退出运行，并尽快处理漏油。若发现变压器温度异常升高或运行声音异常，则变压器内部可能存在故障。变压器的异常噪声有两种类型，一种是机械振动引起的，另一种是局部放电引起的，可以用测听棒（或者手电筒）一端顶紧在外壳上，另一端用耳朵倾听内部声响进行判断。若噪声来自变压器内部，应根据其音质判断是内部元件机械振动还是局部放电，放电噪声的节拍规律一般与高压套管上的电晕噪声类似。若发现可疑内部放电噪声，应立即进行变压器油的色谱分析并加强监视。

（2）抽取气样进行分析判断。一般情况下，现场定性判断和实验室定量分析是并用的。取气样时，最好使用适当容积的注射器进行。取下注射器的针尖，换上一小段塑料或耐油橡胶细管。取气样前，注射器和软管内应先吸满变压器油，排出空气，然后将注射器活塞推到底，排出注射器内的油。将软管接在气体继电器的排气阀上（要求接口严密、不漏气），打开气体继电器排气阀，缓缓抽回注射器活塞，气体即进入注射器内。在吸有气体的注射器针尖前点火，缓缓推入活塞，观察气体是否可燃。同时必须将气体送化验部门进行含气成分分析，以便进一步做出准确的判断。若气体的可燃性检查发现气体可燃或色谱分析确认变压器内部存在故障，应立即设法将变压器退出运行。若气体无色、无臭、不可燃，色谱分析判断为空气，那么作用于信号的气体继电器动作可能是由于二次回路故障造成误报警，应迅速检查并处理。在抽取气样的过程中还应注意：注射器应当用无色透明的、便于观察气体的颜色，同时还应在严格的监护下进行，严格保持与带电部分的安全距离。

（五）变压器跳闸

变压器自动跳闸时，应立即进行全面检查，查明跳闸原因再做处理，具体的检查内容有：

（1）根据保护的动作信号、故障录波及其他监测装置的显示或打印记录，判断是什么保护动作。

（2）检查变压器跳闸前的负荷、油位、油温、油色，变压器有无喷油、冒烟、瓷套管闪络、破裂，压力释放阀是否动作或其他明显的故障迹象，气体继电器有无气体等。

（3）分析故障录波的波形。

（4）了解系统情况，如保护区内外有无短路故障、系统内有无操作，是否有操作过电压、合闸励磁涌流等。

若检查结果表明变压器自动跳闸不是由变压器故障引起，则在外部故障排除后，变压器可重新投入运行。

若检查发现下列情况之一者，应认为变压器内部存在故障，必须进一步查明原因、排除故障，并经电气试验、色谱分析以及其他针对性的试验证明故障确已排除后，方可重新投入运行。

（1）气体继电器中抽取的气体经分析判断为可燃气体。

（2）变压器有明显的内部故障特征，如外壳变形、油位异常、强烈喷油等。

（3）变压器套管有明显的闪络痕迹或破损、断裂等。

（4）差动、瓦斯、压力等继电保护装置有两套或两套以上动作。

## 二、变压器典型故障案例

（一）案例说明

某变电站由于主变运行已几年时间，需外部清扫。联系值班调度将 1 号主变正常停电后，由值班人员对主变外部进行常规检查和清扫。工作完成后由 110kV 高压侧断路器对 1 号主变充电，在高压侧断路器合闸的同时，中控室信号屏光字牌出现了“10kV 单相接地”信号，过了几分钟后又出现了“1 号主变轻瓦斯动作”的信号，值班人员立即检查了 10kV Ⅰ段母线电压，结果 B 相相电压为零，A、C 两相相电压正常，而 110kV 母线各相电压也均正常。运行人员又对主变本体进行检查，发现变压器分接开关处有异常声响，类似水沸腾时发出的声音，值班人员立刻停运了该变压器并汇报领导。

（二）案例分析及处理

检修人员首先对气体继电器内的气体进行了分析，此气体为淡黄色且可燃，说明变压器内部肯定有故障。对主变的分接开关进行检查发现，分接开关的位置出现变动，前一次调整的位置在+1 挡，而实际位置却在+1 挡和+2 挡之间。

随后对主变进行了绝缘电阻、直流电阻和绝缘油的耐压、色谱分析试验。通过对比，有两项试验结果不合格：①分接开关在+1 挡位的接触电阻测试不出；②对变压器的绝缘油进行色谱分析后，绝缘油中的乙炔（$C_2H_2$）、氢气（$H_2$）、总烃含量均超过了相关规程规定值［《电力设备预防性试验规程》（DL/T 596—2021）规定，$C_2H_2$＞5μL/L、$H_2$＞150μL/L、总烃＞150μL/L 时应引起注意］。

检修人员将变压器内的油放空后，进入变压器内对分接开关进行检查发现，分接开关+1 挡的两个触头表面有放电和少许烧伤的痕迹。对触头表面进行打磨处理，上好定位销后重新测试接触电阻，+1 挡的接触电阻分别为 $R_{AO}$=1.229mΩ、$R_{BO}$=1.227mΩ、$R_{CO}$=1.228mΩ（测试温度为 14℃），直流电阻符合相关规程要求。将绝缘油注入变压器，用真空滤油机对绝缘油进行了自循环过滤，重新做了绝缘油色谱分析试验，此时油中乙炔、氢气、总烃值符合相关标准。将变压器投运后，一切正常。

（三）案例总结

此次事故发生是由于分接开关位置变位，是在前一次分接开关挡位调整后，对分接开关起限位锁定的螺栓没有固定到位；值班人员在对变压器进行外部清扫时接触到分接开关调整挡位的圆盘，圆盘受力转动后，带动分接开关转动，故而造成分接开关的挡位发生了变化。重新送电后，由于分接开关的触头接触不良，所以两个触头表面产生局部放电，进而引起绝缘油中的乙炔、氢气、总烃含量超标。

通过此次事故，对于无励磁调压变压器的分接开关在今后的运行中应注意以下几点：

（1）在对分接开关进行切换前后都必须测量其直流电阻。使用过的分接开关接触部分可能有一些局部熔伤，长期未用的分接头表面则可能存在氧化或触头不洁、镀层剥落、弹力不够、焊接脱落等现象，从而造成分接头的接触不良，接触电阻增大；这将造成其局部过热，并危及变压器的安全运行，乃至造成变压器烧毁事故，还有可能引起绝缘油迅速劣化，从而被迫停运。因此，变压器在切换分接开关前后都必须测量直流电阻，且三相电阻值相差不得超过 2%。

（2）无励磁调压分接开关应在停电状态下进行切换，切换时应多转动几次手柄，对其触头表面的油污进行清除。切换必须到位，到位后要固定好定位销，防止松动变位。

（3）主变往往在大修后容易发生分接开关接触不良的故障，穿越性故障也可导致烧伤接触面。在运行过程中，特别要注意轻瓦斯动作情况，如果瓦斯频繁动作说明有可能存在上述故障；取油样化验，可得出绝缘油的闪点迅速下降，同时也可通过油的色谱分析来判断。最后，可通过将变压器停运，测量三相分接头的直流电阻来确定分接开关接触情况；当分接开关接触不良导致断相时，从指针表中就可判断。

## 第六节　理论知识试题

### 一、泄漏电流的物理意义是什么？

绝缘体是不导电的，但实际上几乎没有一种绝缘材料是绝对不导电的。任何一种绝缘材料，在其两端施加电压，总会有一定电流通过，这种电流的有功分量称为泄漏电流，而这种现象也称为绝缘体的泄漏。

**二、测量介质损耗因数有何意义？**

测量介质损耗因数是绝缘试验的主要项目之一。它在发现绝缘受潮、老化等分布性缺陷方面比较灵敏有效。在交流电压的作用下，通过绝缘介质的电流包括有功分量和无功分量，有功分量产生介质损耗。介质损耗在电压频率一定的情况下与 $\tan\delta$ 成正比。对于良好的绝缘介质，通过电流的有功分量很小，介质损耗也很小，$\tan\delta$ 很小，反之则增大。因此，通过介质损耗因数的测量就可以判断绝缘介质的状态。

**三、变压器做交流耐压时，非被试绕组为何要接地？**

在做交流耐压试验时，非被试绕组处于被试绕组的电场中，如不接地，其对地的电位，由于感应可能达到不能允许的数值，且有可能超过试验电压，所以非被试绕组必须接地。

**四、什么叫变压器的短路电压？**

短路电压是当变压器二次短路电流达到二次额定电流时，一次所加电压与一次额定电压比值的百分数。短路电压是变压器的一个主要参数，它是通过短路试验测出的。

**五、变压器铁心为什么必须接地，且只允许一点接地？**

变压器在运行或试验时，铁心及零件等金属部件均处在强电场之中，由于静电感应作用在铁心或其他金属结构上产生悬浮电位，造成对地放电而损坏零件，这是不允许的。除穿心螺杆外，铁心及其所有金属构件都必须可靠接地。

如果有两点或两点以上的接地，在接地点之间便形成了闭合回路；当变压器运行时，其主磁通穿过此闭合回路就会产生环流，将会造成铁心的局部过热，烧损部件及绝缘，从而造成事故，所以只允许一点接地。

**六、试述变压器的几种调压方法及其原理。**

变压器调压方法有两种：①在停电情况下改变分接头进行调压，即无励磁调压；②带负荷调整电压（改变分接头），即有载调压。

有载调压分接开关一般由选择开关和切换开关两部分组成。在改变分接头时，选择开关的触头是在没有电流通过的情况下动作，而切换开关的触头是在有电流通过的情况下动作，因此切换开关在切换过程中需要接过渡电阻以限制相邻两个分接头跨接时的循环电流，所以能带负荷调整电压。电力用户要求供给的电源电压在一定允许范围内变化，并且要求电压调整时不断开电源，有载调压装置能在不停电情况下进行调压并保证供电质量，故此方法是最好的调压方法。

**七、取变压器及其他注油设备的油样时应注意什么？**

（1）取油样应在空气干燥的晴天进行。

（2）装油样的容器应刷洗干净，并经干燥处理后方可使用。

（3）油样应从注油设备底部的放油阀来取，擦净油阀，放掉污油，待油干净后取油样；取完油样后应尽快将容器封好，严禁杂物混入容器。

（4）取完油样后，应将油阀关好以防漏油。

### 八、如何预防变压器铁心多点接地和短路故障？

可采取的措施有：

（1）在吊心检修时，应测试绝缘电阻，如有多点接地，应查清原因并消除。

（2）安装时，检查钟罩顶部与铁心上夹件间的间隙，如有碰触及时消除。

（3）运输时固定变压器铁心的连接件，应在安装时将其脱开。

（4）穿心螺杆绝缘应良好，检查铁心穿心螺杆绝缘套外两端的金属座套，防止座套过长，触及铁心造成短路。

（5）绕组压钉螺栓应紧固，防止螺母和座套松动掉下造成铁心短路。铁心及铁轭静电屏蔽导线应紧固完好，防止出现悬浮放电。

（6）铁心和夹件通过小套管引出接地的变压器，应将接地线引至适当位置，以便在运行中监视接地线中是否有环流。当有环流而又无法及时消除时，可采取临时措施，即在接地回路中串入电阻限流，电流一般控制在300mA以下。

### 九、变压器的阻抗电压在运行中有什么作用？

阻抗电压是涉及变压器成本、效率及运行的重要经济技术指标。同容量的变压器，阻抗电压小的成本低、效率高、价格便宜，另外运行时的压降及电压变化率也小，电压质量容易得到控制和保证。从有利于减少变压器损耗的条件出发，希望阻抗电压小一些好。从限制操作过电压的条件出发，希望阻抗电压大一些较好，以免电气设备（如断路器、隔离开关、电缆等）在运行中经受不住短路电流的作用而损坏。所以在制造变压器时，必须根据满足设备运行条件来设计阻抗电压，且应尽量小一些。

### 十、有些变压器的中性点为何要装避雷器？

当变压器的中性点接地运行时，是不需要装避雷器的。但是，由于运行方式的需要（如为了防止单相接地事故时，短路电流过大），220kV及以下系统中有部分变压器的中性点是断开运行的。在这种情况下，对于中性点绝缘不是按照线电压设计（即分级绝缘）的变压器中性点应装避雷器。原因是，当三相承受雷电波时，由于入射波和反射波的叠加，在中性点上出现的最大电压可达到避雷器放电电压的1.8倍左右，这个电压作用在中性点上会使中性点绝缘损坏，所以必须装设避雷器保护。

### 十一、变压器铁心的作用是什么？

铁心是变压器的基本部件，由磁导体和夹紧装置组成。变压器的铁心是框形闭合结构，其中套线圈的部分称为铁心柱，不套线圈只起闭合磁路作用的部分称为铁轭。铁心的作用如下：

（1）构成主磁通的导磁回路。铁心的作用就是构成耦合磁通的磁路，把一次电路的电能转换为磁能，又由磁能转变为二次电路的电能，是能量转换的媒介。因为铁心材料大多都是磁导率高、磁滞损耗和涡流损耗小的硅钢片，所以铁心磁路可以增强铁磁场，产生足够大的主磁场，从而产生足够大的主磁通，并能有效地降低励磁电流。

（2）构成器身的骨架。铁心是构成变压器的骨架，在其铁心柱上套上带有绝缘的绕组，并且牢固地对它们支撑和压紧。铁心本体是用硅钢片叠积成完整的磁路结构，与其钢夹紧装置（钢夹件）构成框架，它牢固地将铁心夹件构成一个整体，同时在它的上面几乎安装了变压器内部的所有部件。

**十二、变压器的铁心为什么要接地？接地时应注意什么？**

变压器在运行时或在进行高压试验中，铁心及其金属部件都处于强电场中的不同位置，由静电感应的电位也各不相同，使得铁心和各金属部件之间或对接地体产生电位差，在电位不同的金属部件之间形成断续的火花放电。这种放电将使变压器油分解，并损坏固体绝缘。为了避免上述情况，对铁心及其金属部件（除穿心螺杆外）都必须进行可靠接地。由于铁心的屏蔽作用，穿心螺杆的电位与铁心相差不多，可以不必再接地。由于铁心硅钢片之间的绝缘电阻很小，只需一片接地，即可认为铁心全部叠片都接地。

铁心接地时应注意以下几点：

（1）铁心只允许一点接地，需要接地的各部件之间只允许单线连接。铁心中如有两点或两点以上的接地，则接地点之间可能形成闭合回路，当有较大的磁通穿过此闭合回路时，就会在回路中感应出电动势并引起电流，电流的大小决定于感应电动势的大小和闭合回路的阻抗值。当电流较大时，会引起局部过热故障甚至烧坏铁心。

（2）接地片应有一定的强度和截面积，一般采用 0.3mm×20mm、0.3mm×30mm 或 0.3mm×40mm 的镀锡紫铜片制成。接地片插入铁心的深度，配电变压器应不小于 30mm，主变应不小于 70mm，而大型变压器则要求达到 140mm。

（3）接地片应靠近夹件，不得与铁轭的端面相碰，以防止铁轭的硅钢片短路。

（4）器身的其他金属附件均应接地。

（5）铁心接地点一般应设置在低压侧。

**十三、为什么降压变压器的低压绕组在里边，而高压绕组在外边？**

降压变压器的低压绕组在里边，而高压绕组在外边，主要是从绝缘方面考虑。因为变压器的铁心是接地的，低压绕组靠近铁心，容易满足绝缘要求。若将高压绕组靠近铁心，由于高压绕组的电压很高，要达到绝缘要求就需要很多绝缘材料和较大的绝缘距离，既增加了绕组的体积，也浪费了绝缘材料。另外，把高压绕组安置在外面也便于引出到分接开关。对升压变压器，由里向外排列（三绕组）为中压、低压、高压；对降压变压器，由里向外排列（三绕组）为低压、中压、高压。

**十四、油在变压器中起什么作用？**

变压器的油箱内充满了变压器油，变压器油的作用是：

（1）绝缘。纯净的变压器油具有良好的绝缘性能，绝缘强度很高，一般可达到 120～200kV/cm，比空气的绝缘水平高 4～7 倍；它和固体绝缘一起使用，还能达到更好的绝缘效果。

（2）散热。变压器油有较大的比热容，决定了它有很好的导热特性。同时，充油设备应具有良好的热循环回路。

（3）灭弧。当分接开关在切换的时候，变压器油作为灭弧介质，有熄弧的作用。

（4）测量。一般大型变压器都装有测量上层油温的带电触点的测温装置，它装在变压器油箱外，便于运行人员监视变压器油温情况。

（5）保护。保护铁心和绕组组件，延缓氧对绝缘材料的侵蚀。

**十五、变压器储油柜的工作原理如何？**

储油柜是变压器油存储、补充及保护的组件，安装在变压器油箱顶部，与变压器油箱相连。当油箱的油随温度升高体积膨胀时，多余的油通过联管到达储油柜，这样储油柜就完成了存储变压器油的作用；反之，当温度下降时，储油柜中的油通过联管到达油箱，补充变压器油的不足。储油柜中的胶囊阻断变压器油与空气的接触，使变压器油免于被氧化。与储油柜相连的吸湿器吸收进入储油柜的空气中的水分，使其免受潮湿。储油柜的油平常几乎不参加油箱内的循环，它的温度要比油箱内的上层油温低得多；而油在低温下氧化过程慢，因此有了储油柜，可防止油的过速氧化。

储油柜按内部结构可分为胶囊式储油柜、隔膜式储油柜、波纹管式储油柜三种。隔膜式储油柜已被淘汰，波纹管式储油柜属于限制使用范围之内，现在使用最多的是胶囊式储油柜。

**十六、防潮吸湿器、吸湿器内部的硅胶、油封杯各有什么作用？**

吸湿器的作用是提供变压器在温度变化时内部气体出入的通道，缓解正常运行中因温度变化产生的对油箱的压力。

吸湿器内硅胶的作用是在变压器温度下降时对吸进的气体去潮气。

只有进入变压器内的空气才通过硅胶，油封杯的作用是把硅胶与大气隔离开，延长硅胶的使用寿命。

**十七、引起吸湿器硅胶变色的原因主要有哪些？**

正常干燥时吸湿器硅胶为蓝色（或白色）。当硅胶颜色变为粉红色时，表明硅胶已受潮而且失效。一般已变色硅胶达 2/3 时，值班人员应通知检修人员更换。硅胶变色的原因主要有：

（1）长时期天气阴雨，空气湿度较大，因吸湿量大而变色。

（2）吸湿器容量过小。

（3）硅胶玻璃罩罐有裂纹、破损。

（4）吸湿器下部油封罩内无油或油位太低，起不到良好的油封作用，使湿空气未经油封过滤而直接进入硅胶罐内。

（5）吸湿器安装不当，如胶垫龟裂不合格、螺钉松动、安装不密封而受潮。

**十八、变压器的噪声来源于哪几个方面？**

变压器本体噪声的来源包括：

（1）硅钢片的磁滞伸缩以及硅钢片和叠片间的漏磁而产生的电磁力，引起铁心的振动。

（2）电流流过绕组时，在绕组间、线饼间、线匝间产生动态电磁力，引起绕组振动。

（3）漏磁引起油箱壁（包括磁屏蔽）的振动。

（4）冷却装置的噪声主要是由冷却风扇和油泵运行时的振动产生。

**十九、变压器的试验有哪几种？**

（1）型式试验：也称设计试验，是对变压器的结构、性能进行全面鉴定的试验；其目的是确认变压器是否达到原设计标准。

（2）出厂试验：它是每台变压器出厂时必须要做的试验；出厂试验的目的是检验变压器是否符合原定技术条件的要求，有没有制造上的偶然缺陷。

（3）交接试验：根据合同的技术条件和试验要求，在变压器安装后投入运行前进行的试验；其目的是确认变压器在运输、安装过程中未发生损坏或变化，符合投运要求。

（4）预防性试验：在变压器投入运行后，测量变压器电气回路和绝缘状况的试验，其目的是确认变压器能否继续运行。

（5）检修后试验：在变压器进行检修后，根据有关标准和检修部位的特点，进行的有针对性的试验，其目的是检验检修的质量并确认变压器能否继续运行。

**二十、绝缘电阻、吸收比和极化指数是怎样定义的？绝缘电阻与油温的关系如何？**

（1）绝缘电阻：外施电压 $U$ 除以全电流 $I$。由于电流是随着时间变化的量，所以绝缘电阻也是随时间变化的量；当测量时间足够长时，全电流衰减到只有泄漏电流时，绝缘电阻达到稳定值。

（2）吸收比：60s 与 15s 时绝缘电阻值的比值。

（3）极化指数：600s 与 60s 时绝缘电阻值的比值。

绝缘电阻与油温的关系很大，因变压器绝缘系统复杂，以及不同产品结构上的差别，不是单一的绝缘介质，所以不能用一个公式来表示绝缘电阻和温度的关系，但绝缘电阻一般是随着温度的上升而下降。

**二十一、介质损耗因数 tan$\delta$ 越大介质损耗越大吗？**

绝缘介质在交流电压作用下的介质损耗有两种：①由电导引起的电导损耗；②由极化引起的极化损耗。介质中如无损耗，则流过的电流是纯无功电容电流，并超前电压相量 90°。如介质中有损耗，则电流存在有功分量，其大小可代表介质损耗的大小。这时，总电流与电容电流之间有一 $\delta$ 角，该 tan$\delta$ 等于有功电流与无功电流的比；tan$\delta$ 越大，有功电流越大，说明介质损耗越大。

**二十二、更换变压器密封橡胶垫应注意什么问题？**

（1）密封橡胶垫受压面积应与螺钉的力量相适应。胶垫、胶圈、胶条不可过宽，最好采用圆形断面胶圈和胶垫。密封处的压接面应处理干净，放置胶垫时最好先涂一层黏合胶液，如聚氯乙烯清漆等。

（2）带油更换油塞的橡胶封环时，应将进出口各处的阀门和通道关闭，在负压保持不致大量出油的情况下，迅速更换。

（3）密封材料不能使用石棉盘根和软木垫等。

**二十三、运行中为什么要重点检查有载调压油箱油位和有载调压装置动作记录？**

运行中应重点监视有载调压油箱的油位。因为有载调压油箱与主油箱不连通，油位受环境温度影响较大，而有载分接开关带有运行电压，操作时又要切断并联分支电流，故要求有载调压油箱的油位常达到标示的位置。油的击穿电压不得小于 25kV。

运行中必须认真检查和记录有载调压装置的动作次数。调压装置每动作 5000 次以后，应对分接开关进行检修，若触头烧损严重，其厚度不足 7mm 时应更换触头；在操作1万次以后，必须进行大修。选择开关不易磨损和出故障，对选择开关的第一次检查可在动作1万次以后进行，其后可视情况定期检查或定次检查。

**二十四、油纸电容式末屏上引出的小套管有什么用途？运行中为什么要接地？**

末屏采用小套管引出，主要是便于将末屏与接地的法兰断开。这样可以在小套管与地之间串入阻抗或仪器，以便对大型设备上的电容套管单独进行介质损耗、电容量的测量，并且还可以对运行中的电容套管进行带电监测。对大型设备做高压试验时，还可以利用其本身的电容套管做耦合电容并从小套管提取信号。例如对大型变压器进行交流耐压和局部放电试验时，可以利用小套管提取电压的局部放电信号等。

小套管接地后，能使电容套管承受的电压均匀地分配在各电容层间。如小套管运行不接地，由于小套管与接地法兰断开，末屏与法兰之间的阻抗变得很大（主要由两者之间的电容和绝缘电阻决定），使得末屏对地电压升高，造成末屏或小套管对法兰放电，引起套管故障。

# 第三章

# 断　路　器

## 第一节　总　体　介　绍

高压断路器是变电站主要的电力控制设备，具有灭弧特性。当系统正常运行时，它能切断和接通线路及各种电气设备的空载和负载电流；当系统发生故障时，它和继电保护配合，能迅速切断故障电流，以防止扩大事故范围。

### 一、断路器的型号含义

断路器的型号表达形式一般为①②③-④/⑤⑥/⑦，具体含义如下。

①——产品字母代号：S—少油断路器；D—多油断路器；K—空气断路器；L—六氟化硫断路器；Z—真空断路器；Q—产气断路器；C—磁吹断路器。

②——装置地点代号：N—户内；W—户外。

③——设计系列顺序号：以数字 1、2、3 等表示。

④——额定电压：单位为 kV。

⑤——其他补充工作特性标志：G—改进型；F—分相操作。

⑥——额定电流：单位为 A。

⑦——额定开断电流：单位为 kA。

### 二、断路器的结构及分类

#### （一）结构

（1）开断元件：开断、关合电路和安全隔离电源；包括导电回路、动静触头和灭弧装置。

（2）绝缘支撑元件：支撑断路器的器身，承受开断元件的操动力和各种外力，保证开断元件的对地绝缘；包括瓷柱、瓷套管和绝缘管。

（3）传动元件：将操作命令和操作动能传递给动触头；包括连杆、拐臂、齿轮、液压或气压管道。

（4）基座：用来支撑和固定断路器。

（5）操动机构：用来提供能量，操作断路器分合闸，有电磁、液压、弹簧、气动操动机构等类型。

#### （二）分类

（1）按灭弧介质或灭弧原理分为油断路器、压缩空气断路器、$SF_6$ 断路器、真空断路器、磁吹断路器和固体产气断路器。

（2）按控制、保护对象分为发电机断路器、输变电断路器、馈电断路器和特殊用途断路器。

（3）按电压等级分为中压断路器、高压断路器和超高压断路器。

（三）断路器的分合闸操作注意事项

（1）上、下隔离及接地开关操作圆盘间有圆柱销互锁，因此必须按正确程序才能完成操作。

（2）锁杆与前门通过解锁板锁门；万一机械闭锁装置出现故障不能操作，在确认柜内停电的条件下，可卸下解锁板的紧固螺钉，实现“紧急解锁”打开前门及后门。

（3）断路器在合闸操作时发生非全相，应立即将已合上相拉开并切断控制电源，查明原因并排除故障，经试送正常后再重新投入运行。

（4）断路器在分闸操作时发生非全相，应立即切断控制电源，手动操作将拒动相分闸，查明原因并排除故障，经试分合闸正常后再重新投入运行。

**三、$SF_6$断路器**

（一）概述

六氟化硫（$SF_6$）断路器是利用 $SF_6$ 气体作为灭弧介质和绝缘介质的一种断路器，简称“$SF_6$ 断路器”。由于这种气体的优异特性，使这种断路器单断口在电压和电流参数方面大大优于压缩空气断路器和少油断路器，并且不需要高的气压和相当多的串联断口数。$SF_6$ 气体比空气重 5.135 倍，一个大气压（1bar，1bar=0.1MPa）时，其沸点为−60℃。在 150℃以下时，$SF_6$ 有良好的化学惰性，不与断路器中常用的金属、塑料及其他材料发生化学作用。在大功率电弧引起的高温下分解成各种不同成分时，电弧熄灭后的极短时间内又会重新合成。$SF_6$ 中没有碳元素，没有空气存在，可避免触头氧化。$SF_6$ 的介电强度很高，且随压力的增高而增长。$SF_6$ 的介电强度可达到或超过常用的绝缘油。$SF_6$ 灭弧性能好，在一个简单开断的灭弧室中，其灭弧能力比空气强 100 倍。在 $SF_6$ 中，当电弧电流接近零时，仅在直径很小的弧柱心上有很高的温度，而其周围是非导电层。这样，电流过零后，电弧间隙介电强度将很快恢复。

$SF_6$ 气体中的水分必须控制在一定范围内，否则将给 $SF_6$ 电气设备的安全运行带来问题。

（1）水分引起的化学反应：常温下 $SF_6$ 气体是非常稳定的，但水分较多时，200℃以上就有可能产生分解，分解的生成物中有氢氟酸（HF），是一种有很强的腐蚀性和剧毒的酸类。水分的危害更主要的是在电弧高温作用下、$SF_6$ 气体分解过程中所起的化学反应，化学反应中最后的生成物也都是随水分含量增大而增加。为了限制有毒物质的生成量，必须限制 $SF_6$ 气体中的水分含量。

（2）水分对绝缘的影响：绝缘件表面出现凝露会对绝缘性能带来不利影响。通常气体中混杂的水分以水蒸气形式在。在温度骤降时，可能冷凝成露水附在绝缘件表面出现沿面放电事故。为了控制 $SF_6$ 气体中的水分和电弧分解产生的低氟化合物，在高压电器内放置既能吸水分，又能吸附低氟化合物的吸附剂。一般吸附剂质量为气体充入质量的1/10，应特别注意用过的吸附剂不可进行烘干再生处理。

（二）$SF_6$ 断路器的结构原理

$SF_6$ 断路器可分为瓷柱式和落地罐式。瓷柱式 $SF_6$ 断路器其灭弧装置在支持瓷套的顶部，由绝缘杆进行操动。这种结构的优点是系列性好，用不同个数的标准灭弧单元和支柱瓷套，即可组成不同电压等级的产品；其缺点是稳定性差，不能加装电流互感器。落地罐式 $SF_6$ 断路器其总体结构类似于箱式多油断路器，它的灭弧装置用绝缘件支撑在接地金属罐的中心，借助于套管引线，基本上不改装就可以用于全封闭组合电器之中。这种结构便于加装电流互感器，抗振性好，但系列性差，且造价昂贵。$SF_6$ 断路器的结构如图 3-1 所示。

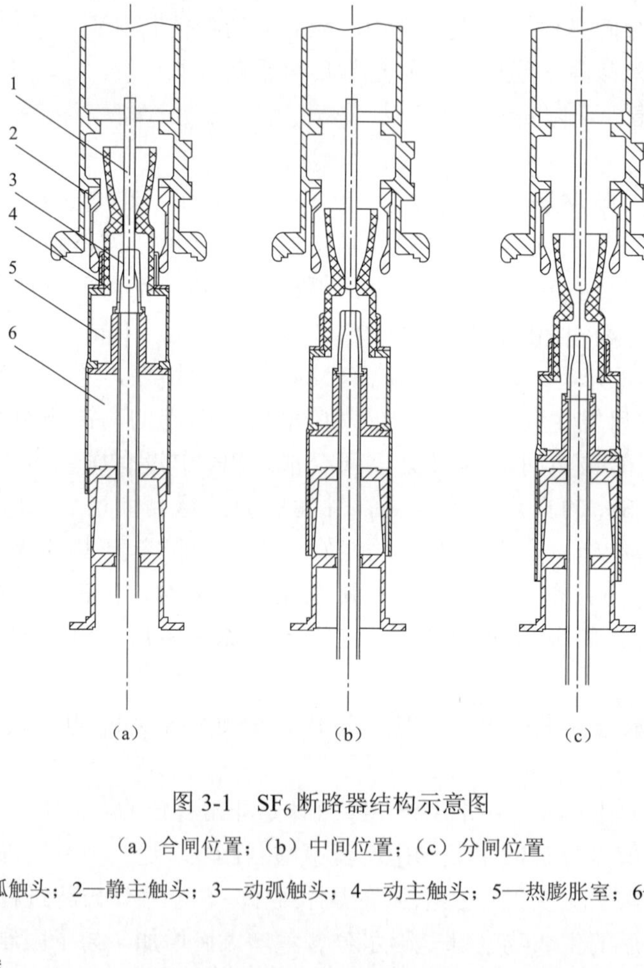


图 3-1　$SF_6$ 断路器结构示意图

（a）合闸位置；（b）中间位置；（c）分闸位置

1—静弧触头；2—静主触头；3—动弧触头；4—动主触头；5—热膨胀室；6—压气室

1．基本组成

三个垂直绝缘子单元，每一单元有一个气吹式灭弧室、液压操动机构（弹簧操动机构）及其单箱控制设备、一个支架及支持结构。每个灭弧室通过与三个灭弧室共连的管子填充 $SF_6$ 气体。

2. 灭弧室

灭弧室可分为双压式灭弧室和单压式灭弧室，双压式灭弧室有两个压力系统，一个为压力0.3～0.6MPa的压力系统（主要用于内间的绝缘），另一个为压力1.4～1.6MPa的高压系统（用于灭弧）。单压式灭弧室又称压气式灭弧室，它只有一个气压系统，即常态时只有单一的 $SF_6$ 气体。灭弧室的可动部分带有压气装置，分闸过程中，压气缸与触头同时运动，将压气室内的气体压缩。触头分离后，电弧即受到高速气流吹动而熄，目前一般采用单压式灭弧室，而双压式灭弧室结构工艺复杂，现已被淘汰。

3. 灭弧原理

$SF_6$ 断路器一般是利用几个到十几个大气压力的 $SF_6$ 气体在喷口中形成高速气流来熄灭电弧。利用预先储存在断路器中的高压 $SF_6$ 气体，在灭弧过程中形成高速气流强烈地吹袭电弧，使绝缘室冷却，当电弧在高速气流中燃烧时，弧熄中的热量将及时地被带走，电弧在气流的作用下迅速移动，热发射和金属蒸气大大减少，特别是在电流接近零和过零时，弧熄温度将迅速下降，电弧直径明显减少；当电流过零后，在强烈的气流作用下，弧熄温度迅速降到热游离温度以下，弧熄中的残余物被消除，并由新鲜压缩的 $SF_6$ 气体取代，电弧熄灭。

**四、真空断路器**

（一）概述

真空断路器利用真空度约为 $10^{-4}$Pa（运行中不低于 $10^{-2}$Pa）的高真空作为内绝缘和灭弧介质。当灭弧室内被抽成 $10^{-4}$Pa 的高真空时，其绝缘强度要比绝缘油、一个大气压力下的 $SF_6$ 和空气的绝缘强度高很多。所以，真空击穿产生电弧，是由触头蒸发出来的金属蒸气帮助形成的。

（二）真空断路器的结构原理

1. 基本组成元件及作用

（1）支架：安装各功能组件的架体。

（2）真空灭弧室：实现电路的关合与开断功能的熄弧元件。

（3）导电回路：与灭弧室的动端及静端连接构成电流通道。

（4）传动机构：把操动机构的运动传输至灭弧室，实现灭弧室的分、合闸操作。

（5）绝缘支撑：绝缘支持件将各功能元件架接起来，满足断路器的绝缘要求。

（6）操动机构：断路器分、合闸的动力驱动装置。

2. 灭弧原理

真空灭弧室是用密封在真空中的一对触头来实现电力电路的接通与分断功能的一种电真空器件，是利用高真空作绝缘介质。当其断开一定数值的电流时，动、静触头在分离的瞬间，电流收缩到触头刚分离的某一点或某几点上，表现为电极间电阻剧烈增大和温度迅速提高，直至发生电极金属的蒸发，同时形成极高的电场强度，导致剧烈的场致发射和间隙的击穿，产生了真空电弧，当工作电流接近零时，同时触头间距增大，真空电弧的等离子体很快向四周扩散；电弧电流过零后，触头间隙的介质迅速由导电体变为绝缘体，于是电流被分断，开断结束。

## 第二节 运 维 细 则

### 一、一般规定

（1）每年对断路器安装地点的母线短路电流与断路器的额定短路开断电流进行一次校核。断路器的额定短路开断电流接近或小于安装地点的母线短路电流，在开断短路故障后，禁止强送，并停用自动重合闸，严禁就地操作。

（2）当断路器开断额定短路电流的次数比其允许额定短路电流开断次数少一次时，应向值班调控人员申请退出该断路器的重合闸。当达到额定短路电流的开断次数时，申请将断路器检修。

（3）应按相累计断路器的动作次数、开断故障电流次数和每次短路开断电流。

（4）断路器应具备远方和就地操作方式。

（5）断路器应有完整的铭牌、规范的运行编号和名称，相色标志明显，其金属支架、底座应可靠接地。

### 二、断路器运维

#### （一）本体

绝缘子爬电比距应满足所处地区的污秽等级，不满足污秽等级要求的应采取防污闪措施。定期检查断路器金属法兰与瓷件的胶装部位防水密封胶的完好性，必要时重新复涂防水密封胶。隔离开关与接地开关间应具备足够强度的机械联锁和可靠的电气联锁。

#### （二）操动机构

并联合闸脱扣器在合闸装置额定电源电压的 85%～110%范围内，应可靠动作；并联分闸脱扣器在分闸装置额定电源电压的 65%～110%（直流）或 85%～110%（交流）范围内，应可靠动作；当电源电压低于额定电压的 30%时，脱扣器不应脱扣。在使用电磁机构时，合闸电磁铁线圈通流时的端电压为操作电压额定值的 80%（关合峰值电流不小于 50kA 时为 85%）应可靠动作。弹簧操动机构手动储能与电动储能之间的联锁应完备。手动储能时必须使用专用工具，手动储能前，应断开储能电源。

#### （三）其他

机构箱、汇控柜应设置可自动投切的加热驱潮装置，低温地区还应有保温措施。对于不满足当地最低环境温度要求的混合气体断路器、罐式断路器罐体及气动机构及其连接管路，应加装加热带。断路器分、合闸控制回路的端子间应有空端子或绝缘隔板隔开，或采取其他有效防误动措施。

### 三、紧急申请停运规定

发生下列情况时，应紧急申请停运，停运前应远离设备：

（1）运行中断路器套管有严重破损和放电现象。

（2）导电回路部件有严重过热或打火现象。

（3）$SF_6$ 断路器严重漏气，发出操作闭锁信号。

（4）真空断路器的灭弧室有裂纹或放电声等异常现象。

（5）其他根据现场实际认为应紧急停运的情况。

当全电缆线路跳闸、值班调控人员通知线路有带电检修工作、低频减载保护、系统稳定控制、联切装置及远切装置动作后跳闸的断路器、断路器开断故障电流的次数达到规定次数、断路器铭牌标称容量接近或小于安装地点的母线短路容量时，不得试送。

**四、巡视**

（一）本体

巡视检查断路器本体要注意外观清洁、无异物、无异常声响。断路器套管电流互感器无异常声响、外壳无变形、密封条无脱落。分、合闸指示正确，与实际位置相符。$SF_6$密度继电器（压力表）指示正常，外观无破损或渗漏，防雨罩完好。外绝缘无裂纹、破损及放电现象，增爬伞裙粘接牢固、无变形，防污闪涂料完好，无脱落、起皮现象。引线弧垂满足要求，无散股、断股，两端线夹无松动、裂纹、变色现象。套管防雨罩无异物堵塞，无鸟巢、蜂窝等。金属法兰无裂痕，防水胶完好，连接螺栓无锈蚀、松动、脱落。传动部分无明显变形、锈蚀，轴销齐全。

（二）操动机构

弹簧储能机构储能正常。

（三）其他

机构箱、汇控柜箱门平整、密封性好，无变形、锈蚀，机构箱锁具完好。名称、编号、铭牌齐全、清晰，相序标志明显。基础构架无破损、开裂、下沉，支架无锈蚀、松动或变形，无鸟巢、蜂窝等异物。接地引下线标志无脱落，接地引下线可见部分连接完整、可靠，接地螺栓紧固，无放电痕迹，无锈蚀、变形现象。

**五、红外检测**

不同电压等级红外检测周期：110（66）kV以半年为周期；35kV及以下以1年为周期；新断路器投运后1周内（但应超过24h）要及时进行红外监测。

## 第三节 检 修 细 则

**一、$SF_6$断路器的检修**

（一）断路器本体检查、维护

（1）三相连接引线接触面检查：三相引线接触面紧固，搭接处无发热迹象，引线接触面螺栓无锈蚀。

（2）清扫并检查断路器瓷套表面：绝缘支柱外表无污垢、无破损，连接法兰完好。

（3）$SF_6$压力检查。

1）补气：20℃时额定压力为6.0bar，在气压偏低时补充$SF_6$气体至额定压力，充气压力最大允许偏差为0.3bar。

2）充气：专用充气装置的单向接头和断路器的充气接头连接，减压调节阀在通气阀关闭时缓慢打开；充气过程中观察压力表数据，充至额定值。

（4）检查密度继电器的动作压力值（必要时）：拆除密度继电器带顶针的螺旋母，

维修接头直接和密度计连接的，在连接了充气装置之后，通过在减压器上调节 $SF_6$ 压力，可以测试密度计的动作值；$SF_6$ 闭锁、报警回路应正确。

（5）$SF_6$ 报警/$SF_6$ 闭锁压力值（bar）：5.2/5.0。

（6）三相本体检漏（必要时进行）：无明显漏点。

（二）机构检查与维护

（1）辅助开关检查：连杆无磨损和损坏，引线无脱落。

（2）分、合闸缓冲器器检查：分、合闸缓冲器不应有任何渗漏。

（3）脱扣器检查：线圈和连接块的固定支座固定螺栓无松动，拧紧力矩符合要求。

（4）二次接线及端子排检查：端子无损坏，导线绝缘良好、连接可靠。

（5）防凝露器检查：投切装置动作正常，加热电阻完好。

（6）机构箱检查及清扫密封条：密封良好，箱内无渗漏水痕迹，否则应进行密封条更换或堵漏处理。

（三）装置功能检查

（1）脱扣功能检查：分别进行近控、远控传动操作，分、合闸脱扣器动作可靠、无异常。

（2）闭锁功能检查：在合闸弹簧的储能过程中，通过一个电气“合闸”指令来检查合闸闭锁功能，要求脱扣器不动作。

（3）防跳跃功能检查：断路器处于“分闸”状态（合闸弹簧储能），先给“合闸”电气持续指令，之后给“分闸”指令，断路器只允许分闸；断路器处于“合闸”状态（合闸弹簧储能），先给“分闸”电气持续指令，之后给“合闸”指令，断路器只允许分闸。

（4）储能电动机控制检查：检查电动机是否在每次合闸操作之后都由一行程开关接通，以及每一次储能结束后，电动机是否由此行程开关切断；要求行程开关动作灵活，接触可靠。

（5）操作传动检查：将“就地/远控”切换开关打至“远控”，进行远控传动操作；要求多次传动开关均动作正常、可靠。

（6）三相连杆检查：连杆无变形，轴、销无磨损，润滑完好。

（7）金属件外观检查、维护：去锈蚀，底层处理和上油漆。

（8）扫尾工作及自验收：对所有检修项目逐项进行检查，要求无漏检项目，做到“修必修好”；检查设备上有无遗留物，要求做到“工完场清”；检查现场安全措施，要求恢复至工作许可时状态；将设备（断路器、远控/就地切换开关等）恢复至工作许可时状态。

## 二、真空断路器的检修

（一）断路器本体检查、维护

（1）清扫并检查断路器支持绝缘子、真空泡、接触面：断路器支持绝缘子、真空泡表面应无污秽物，无裂纹、无破损；各接触面螺钉紧固，无发热迹象。

（2）检查固定螺钉、开口销等：各部分固定螺钉紧固、开口销完好无缺。

（3）开距、触头磨损量的测量与调整：断路器处于分闸状态时，测得动触杆外露尺寸 $L_1$；将断路器合闸，测得动触杆外露尺寸 $L_2$；触头开距=$L_1$–$L_2$，触头磨损量= $L_2' - L_1$（$L_2'$

为该相的原始记录数据）。

1）开距标准：（11±1）mm。

2）触头磨损量不大于 3mm。现制造厂在导杆上刻有一红线，当该红线在合闸时接近导向板平面时，证明触头烧损已到极限，则该真空灭弧室应更换。

3）开距调整：当触头开距不合格时，可通过调节真空灭弧室动导电杆下杆端关节轴及油缓冲器高度来实现开距调整。

（4）检测触头压力弹簧的压缩量：断路器处于分闸状态时，测得触头压力弹簧长度尺寸 $L_1$；将断路器合闸，测得触头压力弹簧长度尺寸 $L_2$；触头压力弹簧的压缩量=$L_1$–$L_2$。

1）触头压力弹簧压缩量标准：（4±1）mm。

2）当接触行程不合格时，可通过接触行程调整螺栓来调整。该螺栓旋出 1/2 周，接触行程增加 0.875mm，反之则减少 0.875mm。

（5）油缓冲器检查：外观检查，油缓冲器外观目测完好，缓冲液无渗漏。

（6）行程检查：在动作后应留有一定剩余行程，行程的标准为 10mm。

（二）操动机构的检查与维护

（1）连板系统检修。

1）检查轴销、连板、拐臂、扭簧、滚轮等零件状况：各零件应无变形损坏现象；双连板铆钉不应松动；轴销与轴孔配合间隙应不大于 0.3mm，各轴销窜动量应不大于1mm；支架在扭簧作用下应能复位自如。

2）将机构合闸，检查滚轮轴在支架上的位置是否符合要求，支架两脚是否在同一平面上。

3）检查分闸连板过中向下距离：滚轮轴扣入深度应在支架中心±4mm 范围内；支架两侧上端面应同时接触机座，如两脚不在同一平面上，可锉磨支架和机座的接触面或加焊点调平；分闸连板过中向下距离应为 0.5～1mm。

4）检查、清扫后，在各轴销、轴孔上加注润滑油润滑到位。

（2）合闸电磁铁检修：检查合闸铁心顶杆与滚轮间在分闸状态时的空程距离，不符合要求时可调整铁心下部的缓冲胶垫；合闸铁心顶杆与滚轮间的空程距离约为 5～10mm。

用手动操作杆缓慢操作几次，检查铁心运动情况：合闸铁心在上下运动过程中，应无卡涩及严重摩擦现象；检查合闸铁心行程终了时，合闸滚轮轴支架间的间隙。若不符合要求，可调整铁心顶杆的长度。

1）合闸铁心行程：约 78mm。

2）合闸铁心顶杆长度：（141±3）mm。

3）铁心合闸终止时，合闸滚轮轴支架间的间隙：1～1.5mm。

（3）分闸电磁铁检修：检查线圈及引线绝缘情况，线圈及引线应无破损、发热现象；用手将铁心旋转不同角度，慢慢向上推，检查铁心运动情况；铁心在不同角度的上下运动过程中，应动作灵活，与铜套无卡涩及严重摩擦现象。

检查铁心顶杆长度是否适宜，手动分闸是否可靠：

1）铁心顶杆碰到连板后应能继续上升 8～10mm。

2）分闸铁心行程为（31±1）mm。

（4）检查紧固螺母有否松动，止动垫圈的突齿有否扣入圆螺母槽内：紧固螺母应不松动，止动垫圈的突齿应扣入圆螺母槽内。

（5）辅助开关检修：清扫浮尘后，打开辅助开关盖板检查触点，如有触点严重烧伤时应修理或更换；触点应无严重烧伤，导电性能良好。

（6）检查开口销、连杆是否完好：连杆应不弯曲；开口销无受伤迹象；输出轴上拐臂旋入输出轴深度不小于 5mm。

（7）手动缓慢操作机构，检查辅助开关动作是否正常：触点切换应正确、到位；辅助开关拐臂与其连杆夹角不应出现死点；合闸后，辅助开关触点断开距离不小于 2mm。

（8）合闸接触器检修。

1）取下灭弧罩，检查触头接触情况：动静触头表面应平整，无严重拉弧现象，接触良好、可靠。

2）用毛刷清扫各部件：各部件应清洁、完整，无污垢、严重锈蚀现象。

3）装上灭弧罩，检查动作情况：应动作灵活，无卡涩现象，开距大于 3.5mm。

（9）机构内二次接线检查。

1）检查机构内二次线绝缘状况：若有绝缘皮破损或发热变形，则应用绝缘带扎好或调换。

2）检查机构内二次线绝缘：用 1000V 绝缘电阻表测量绝缘电阻应不小于 1mΩ。

3）检查机构内各二次接线头：各接线头螺钉应紧固、接触良好。

（10）扫尾工作及自验收：对所有检修项目逐项进行检查，要求无漏检项目，做到“修必修好”；检查设备上有无遗留物，要求做到“工完场清”；检查现场安全措施，要求恢复至工作许可时状态；将设备（断路器、远控/就地切换开关等）恢复至工作许可时状态。

## 第四节 试 验 细 则

### 一、回路电阻测试

#### （一）试验目的

测量在合闸状态下导电回路的接触电阻，检查回路有无接触性缺陷，是否接触良好，端口有无摩擦，接触面是否存有氧化层。

#### （二）试验方法

回路电阻试验接线如图 3-2 所示。

导电回路电阻测量应在断路器合闸状态下进行。将导电回路测试仪试验线接至断路器一次接线端上，将电压、电流线分别插入仪器的 *U*+、*U*–和 *I*+、*I*–两端，电压线接在断路器内侧，电流线接在断路器外侧。如采用直流压降法测量，则电流应不小于 100A。检查试验接线正确后，打开电源开关，按下“测试”键开始测量。待充电电流及测试数据稳定后记录试验结果，按下“返回”键，待仪器放电完毕后断开电源。

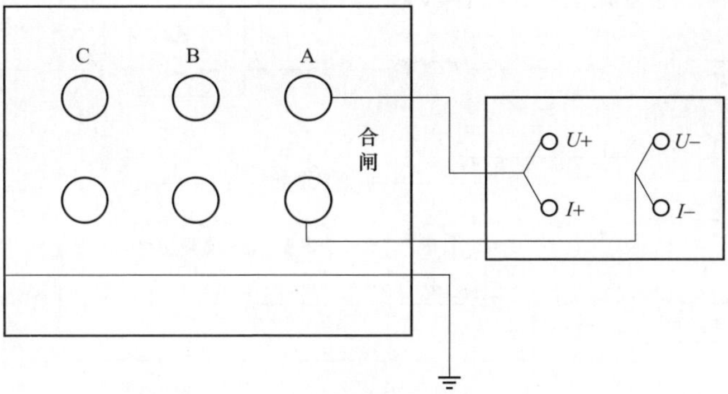


图 3-2 回路电阻试验接线示意图

（三）注意事项

（1）应在断路器的额定操作电压、气压或液压下进行。

（2）导电回路电阻应测量多次后取其平均值。

（3）接线时，应做好防止高空坠落措施并注意保持与带电设备的距离。

（四）标准要求

（1）每相、每个断口导电回路电阻值应符合制造厂的规定。

（2）运行中断路器的回路电阻应不大于 1.2 倍的初值。

## 二、断路器低电压动作

（一）试验目的

断路器在每次检修后应进行低电压合闸、跳闸试验，其目的是保证断路器在变电站的操作电源为允许变动范围之内，而且有偏低时仍能可靠动作。如果断路器动作电压过高或过低，就会引起断路器误分闸和误合闸，以及在断路器发生故障时拒绝分闸，造成事故，甚至影响整个电网的稳定。

（二）试验方法

将仪器“直流输出”的分（绿）、合（红）、负（黑）端子经隔离开关分别接入断路器二次控制线的合闸或分闸回路中。检查试验接线正确后，打开电源开关，选择“动作电压”，根据断路器状态选择“合闸”“分闸”；通过调压旋钮调节输出直流电压，从断路器额定控制电压的 30%开始试验，断路器不会动作；逐步提升输出电压重复试验，直至断路器正确动作，记录当前电压值。低电压合闸、跳闸试验接线如图 3-3 所示。

（三）注意事项

（1）操动机构分、合闸电磁铁或合闸接触器端子上的最低动作电压应在操作电压额定值的 30%～65%之间。

（2）30%额定操作电压以下时不得分合闸。

（3）进口设备按制造厂规定。

（四）标准要求

（1）在额定操作电源电压的 85%～110%范围内，应可靠合闸。

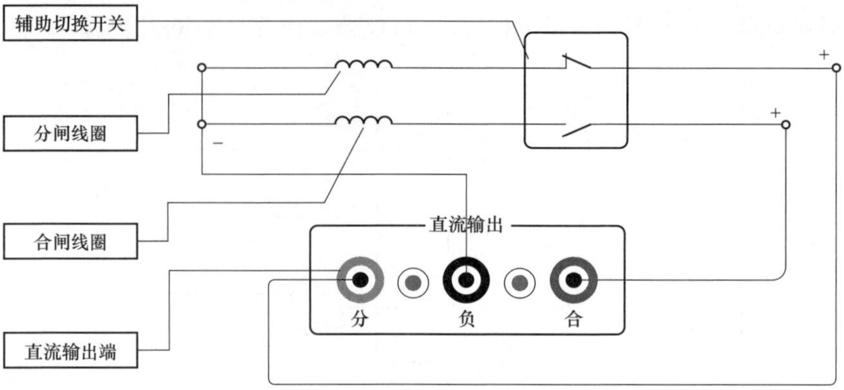


图 3-3　断路器低电压合闸、跳闸试验接线示意图

（2）在额定操作电源电压的 65%～110%范围内，应可靠分闸。

## 三、断路器机械特性

### （一）试验目的

断路器的分合闸速度、时间、不同期性程度、合闸弹跳时间直接影响断路器的关合和开断性能，断路器机械特性试验是判断断路器性能的重要手段，可有效检测断路器的可靠性，根据试验结果判断断路器的使用、维修和更换。

### （二）试验方法

将仪器的接地端与大地可靠相连，仪器的时间测试端与高压断路器的各断口相连，仪器控制高压断路器分、合闸操作时，将“直流输出”的分（绿）、合（红）、负（黑）端子连接到高压断路器分、合闸线圈控制回路的相应操作端子。试验电压要求为额定控制全电压下启动。断路器机械特性试验接线如图 3-4 所示。

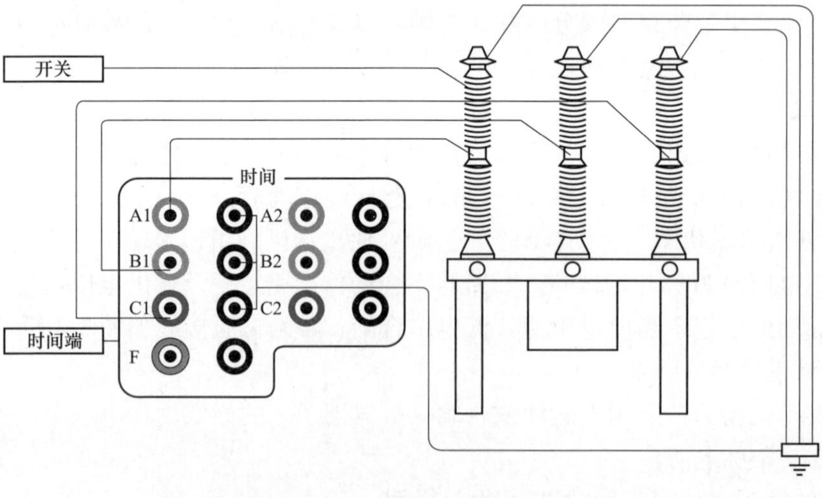


图 3-4　断路器机械特性试验接线示意图

确认试验接线正确后打开电源开关，光带移动到主菜单页的“测试”选项，进入测试窗口；该窗口中有分闸、合闸、合分、分合和分合分共 5 种操作选项，根据断路器状

态选择试验项目，测量断路器分合闸时间、弹跳时间以及同期性。当断路器正确动作后出现试验数据，记录试验数据后关闭电源开关，断开试验电源。

（三）注意事项

（1）核对分、合闸线圈铭牌标注的额定动作电压。

（2）采用变电站内运行的直流系统前应了解二次回路。

（3）应在断路器的额定操作电压、气压或液压下测量分、合闸时间。

（4）罐式断路器仅进行相间分、合闸不同期测量。

（四）标准要求

除制造厂另有规定外，断路器的分、合闸同期性应满足下列要求：

（1）相间合闸不同期不大于 5ms。

（2）相间分闸不同期不大于 3ms。

（3）同相各断口间合闸不同期不大于 3ms。

（4）同相各断口间分闸不同期不大于 2ms。

## 第五节 常见故障与典型案例

### 一、断路器常见故障

（一）$SF_6$ 断路器常见故障

1. $SF_6$ 气体密度过低、发出报警

故障原因：①气体密度继电器有偏差；②$SF_6$ 气体泄漏；③防爆膜破裂。

处理方法：①检查气体密度继电器的报警标准，看密度继电器是否有偏差；②检查最近气体填充后的运行记录，确认 $SF_6$ 气体是否泄漏，如果气体密度以 0.05%/年的速度下降，必须使用检漏仪检测，更换密封件和其他已损坏部件；③检查是否内部气体压力升高而使防爆膜破裂，如果确认是电弧的原因，必须更换灭弧室。

2. $SF_6$ 气体微水量超标、水分含量过大

故障原因：①检测时，环境温度过高；②干燥剂不起作用。

处理方法：①检查检测时温度是否过高，可在断路器的平均温度 25℃时，重新检测；②检查干燥剂是否起作用，必要时更换干燥剂，抽真空，从底部充入干燥的气体。

3. 导电回路电阻值过大

故障原因：①触头连接处过热、氧化；②触头磨损。

处理方法：①如触头连接处过热、氧化或者连接件老化，则拆开断路器，按规定的方法清洁、润滑触头表面，重新装配断路器并检查回路电阻；②如触头磨损，则对其进行更换。

4. 触头位置超出允许值

故障原因：弧触头磨损。

处理方法：弧触头磨损，则需更换触头。

5. 三相联动操作时相间位置过大

故障原因：①操作连杆损坏；②绝缘操作杆损坏。

处理方法：更换损坏的操作连杆，检查各触头有无可能的机械损伤导致偏差。

（二）真空断路器常见故障

1. 真空断路器常见故障类型

真空断路器的常见故障主要有真空断路器本体故障和操动机构故障。真空断路器本体故障率是比较低的，故障产生时会影响真空断路器开断过电流的能力，并导致断路器的使用寿命急剧下降，严重时会引起断路器爆炸。而真空断路器本身没有定性、定量监测真空度特性的装置，所以真空度降低故障为隐性故障，其危险程度远远大于显性故障。

（1）真空断路器本体故障：

1）真空灭弧室真空度降低。

2）回路电阻超标。

3）本体绝缘降低。

（2）操动机构故障：

1）二次回路电气故障。

2）储能电动机、分闸线圈、合闸线圈和行程开关等机械元件故障。

2. 真空断路器常见故障原因分析

（1）真空度降低的原因。

1）真空灭弧室的材质或制作工艺存在问题，真空灭弧室本身存在微小漏点。

2）真空灭弧室内波纹管的材质或制作工艺存在问题，多次操作后出现漏点。

（2）回路电阻超标的原因。

1）真空断路器触头烧损。

2）导电回路接触不良。

3. 真空断路器故障查找前的检查、试验和故障处理要求

（1）故障查找前的检查。

1）检查绝缘部件表面有无裂纹、明显划痕、闪络痕迹等现象，绝缘子固定螺钉有无松动。

2）检查引线有无发热现象、连接螺栓有无松动。

3）检查断路器外观有无异常。

4）检查操动机构是否完好、有无明显机械元件变形和线圈烧坏等。

（2）故障查找前的试验。

1）测量真空灭弧室的真空度。当真空灭弧室有下列情况之一时，应予以更换：①真空度明显下降或工频耐压试验不合格；②灭弧室的机械寿命已达到规定值；③动、静触头的磨损已达到规定值；④灭弧室受到损伤，已不能正常工作。

2）测量回路电阻。回路电阻应符合制造厂规定值，回路电阻超标时，首先检查断路器上、下接线端子、软连接和导电夹等真空灭弧室触头外围连接部件是否接触紧密、

可靠，必要时可拆下清扫、打磨后，按工艺要求重新装配。如果不是触头外围连接部件问题，则只能更换真空灭弧室。

3）绝缘电阻测量。测量主回路对地、断口及相间的绝缘电阻，其阻值应符合制造厂的规定：测量回路的绝缘电阻，其阻值不应小于 2MΩ。当绝缘降低时，可先清洁绝缘子、绝缘提升杆及灭弧室表面，检查有无裂纹。必要时进行干燥和更换处理。

（3）故障处理要求：必须正确地判断故障位置后才能进行处理，不可盲目乱拆乱动；不允许将真空断路器当作踏脚平台，也不许把物品放在真空断路器上面；不许用湿手、脏手触摸真空断路器；更换故障部件时应先做好标记，防止更换位置和接线错误；使用表计和仪器检查时，要注意检查断路器的状态，并熟悉仪器仪表的使用功能；故障处理工作结束后，一定要清理有没有遗忘使用过的工具和器材。

## 二、断路器典型故障案例

### （一）$SF_6$ 断路器故障处理典型案例

某变电断路器检修前进行导电回路电阻的测量，分别测得 A、B、C 三相的电阻值为 20、24、122μΩ，该断路器制造厂家规定的回路电阻标准为（25±5）μΩ，C 相明显偏大、超标。

1. 案例说明

查阅该断路器上次的试验报告（三年前），A、B、C 三相的导电回路电阻值分别为 21、23、25μΩ，结果合格。

查阅该断路器的交接试验报告，A、B、C 三相的导电回路电阻值分别为 22、23、23μΩ，结果合格。

按照试验规程规定，断路器导电回路电阻数值应符合制造厂家的规定，并且不大于交接试验值的 1.2 倍。

查阅到该断路器在整个运行周期内，有 6 次开断短路电流的记录。

2. 案例分析及处理

根据以上情况初步判断，该断路器灭弧室触头可能烧损，或者触头连接处过热氧化。

将故障灭弧室返厂解体检查，发现该断路器灭弧室的动、静触头在电弧作用下，都有大面积的烧损。

3. 案例总结

在故障灭弧室返厂解体的同时，制造厂家为该变电站更换了新的灭弧室，安装调试后，断路器重新投入运行。

一般情况下，现场没有条件进行灭弧室的解体检修，甚至没有条件进行灭弧室的内部检查。判断灭弧室能否继续安全可靠运行，只有非常有限的一些试验手段，如测量断路器分、合闸时间和速度等，导电回路电阻的测量是其中很有效的一种手段。

检修前后的试验中，如果发现导电回路电阻值异常或者超标，一定要引起足够的重视，判断出原因所在并进行处理；否则继续运行安全隐患极大，可能会引起断路器触头烧熔，甚至灭弧室炸裂等非常严重的后果。

（二）真空断路器故障处理典型案例

某 35kV 变电站在更换了十多台 ZN48A-40.5 型真空断路器后，初期运行情况良好，几个月后相继出现了 3 次拒合现象，并同时烧毁断路器 2 根合闸线。于是该供电公司组织有关专业技术人员和厂家对断路器拒动进行了认真分析，查找原因，制定出相应的技术处理措施。

1. 案例说明

（1）设备基本情况。ZN48A-40.5 型真空断路器为手车式，配用中间封接式纵磁场真空灭弧室和弹簧操动机构，但该机构多了一个在操作断路器小车时必须按下的紧急分闸连锁板。操动机构和真空灭弧室采用前后布置，通过杠杆机构及绝缘拉杆与真空灭弧室导电杆连接，带动真空灭弧室动触头分合运动。该类型断路器具有维护简单、绝缘性能好、适合频繁操作等优点。

（2）初步分析。机构拒合是断路器的常见故障之一，不同型号的断路器拒合的原因各有不同。拒合故障有可能是电气控制部分故障，也有可能是机械元件部分故障；但大多数电气部分故障除继电保护装置和接线端子松动外，在多数情况下也是由于机械传动部分不到位而引起的。经过对电气控制部分的检查分析，发现断路器拒合的原因可能是操动机构的紧急分闸连锁板的 V 形槽倒角太小，导致分闸锁扣拉杆的滚轮不能完全下降至 V 形槽内。

2. 案例分析及处理

（1）连锁板的 V 形槽倒角处理。根据以上故障判断，对紧急分闸连锁板的 V 形槽倒角进行了锯割、打磨处理，使分锁扣拉杆的滚轮能可靠、完全地下降至 V 形槽内，确保机构动作灵活、可靠。将改造后的连锁板就位并进行断路器机械特性试验，断路器多次分合后，仍然存在拒合现象。由此可知紧急分闸连锁板的 V 形槽倒角太小并不是造成断路器拒合的主要原因。

（2）深入分析。经过对设计图纸、使用说明书和分闸连锁板的反复多次试验，发现拒合的真正原因是分闸连锁板的材料强度不够，对断路器多次操作之后，分闸连锁板发生了弯曲变形，最终导致分闸锁扣拉杆的滚轮不能完全下降至 V 形槽内。

（3）连锁板强度处理。原紧急分闸连锁板的材料太薄，将原材料加厚并在 90°拐角处加焊一块加强小钢板，防止连锁板再次弯曲变形。经过 V 形槽略微加大、连锁板材料加厚和焊接加强小钢板的技术改进措施后，彻底消除了分闸连锁板材料强度不够而引起的分锁扣拉杆的滚轮不能完全下降至 V 形槽内的现象。

3. 案例总结

为了防范故障再次出现，对改进后的断路器进行了多次电气特性和机械特性试验，并反复论证及操作试验，断路器完全恢复正常状态。投运以后，没有再出现断路器拒合现象。

从以上故障处理案例可以看到，故障处理不能只处理表面现象，治标不治本，真空断路器的故障有时也和设计有关，出现故障时应深入分析。选择新设备时，应尽量防范产品的设计缺陷，对新设备同样应加强运行维护。

## 第六节 理论知识试题

**一、什么是真空断路器？**

触头在高真空中关合和开断的断路器称为真空断路器。真空断路器具有很多的优点，如开距短、体积小、质量轻、电气寿命和机械寿命长、维护少、无火灾和爆炸危险等，因此近年来发展很快，特别在中等电压领域内使用很广泛，是配电断路器无油化的最好换代产品。

**二、什么是 $SF_6$ 断路器？**

$SF_6$ 断路器是采用 $SF_6$ 气体作为灭弧和绝缘介质的断路器。$SF_6$ 断路器开断能力强、开断性能好、电气寿命长、单断口电压高、结构简单、维护少，因此在各个电压等级尤其是在高电压领域得到了越来越广泛的使用。

**三、电网运行对交流高压断路器的要求有哪些？**

（1）绝缘部分能长期承受最大工作电压，还能承受短时过电压。

（2）长期通过额定电流时，各部分温度不超过允许值。

（3）断路器的跳闸时间要短、灭弧速度要快。

（4）能满足快速重合闸的要求。

（5）断路器的遮断容量要大于电网的短路容量。

（6）在通过短路电流时，有足够的动稳定性和热稳定性，尤其不能出现因电动力作用而不能自行断开的情况。

（7）断路器具备一定的自保护功能和防跳跃功能，如失灵保护、防止非全相合闸功能、合分时间自卫功能、重合闸功能等。

（8）断路器的监视回路、控制回路应能与保护系统、监控系统可靠接口。

（9）断路器的使用寿命能够满足电力系统要求，包括机械寿命和电气寿命。

（10）高压断路器还要保证在一般的自然环境条件下能够正常运行，且保证一定的使用寿命。

**四、对回路电阻过大的断路器，应重点做哪些检查？**

对于因回路电阻过大而检修的断路器，应重点做以下检查：

（1）静触头座与支座、中间触头与支座之间的连接螺钉是否上紧，弹簧是否压平，检查有无松动或变色。

（2）动、静触头和中间触头的触指有无缺损或烧毛，表面镀层是否完好。

（3）各触指的弹力是否均匀合适，触指后面的弹簧有无脱落或退火、变色。

（4）对已损坏部件要更换掉。

**五、真空断路器的灭弧原理是什么？**

真空断路器的灭弧原理是：同任何一种高压断路器一样，熄灭电弧都要靠灭弧室。灭弧室是高压断路器的心脏。当断路器的动触头和静触头分开的时候，在高电场的作用下，触头周围的介质粒子发生电离、热游离和碰撞游离，从而产生电弧。如果动、静触头处于绝对真空之中，当触头开断时，由于没有任何物质存在，也就不会产生电弧，电路就很容易分断了。但是绝对真空是不存在的，人们只能制造出相当高的真空度。真空断路器的灭弧室的真空度已做到 $1.3\times10^{-4}$～$1.3\times10^{-2}$Pa 以上，在这种高真空中，电弧所产生的微量粒子和金属蒸气会极快地扩散，从而受到强烈的冷却作用，使电弧不再重燃。这就是真空断路器利用高真空来熄灭电弧并维持极间绝缘的基本原理。

**六、真空断路器常见故障有哪些？如何处理？**

真空断路器的常见故障及处理方法如下：

（1）分闸不可靠。此时应调整扣板和半轴的扣接深度。

（2）无法合闸且出现跳跃。可能是支架存在卡涩现象或滚轮和支架之间的间隙不符合 20.5mm 的要求，这时应卸下底座，取出铁心，调整铁心拉杆长度；另外，也可能是辅助开关动作时间调整不当，应调整辅助开关拉杆长度，使其在断路器动、静触头闭合后再断开。

（3）真空灭弧室漏气。使用中应定期检查真空灭弧室的真空度。

**七、断路器本体严重漏气处理前应做哪些工作？**

具体工作如下：

（1）应立即断开该断路器的操作电源，在手动操作手柄上挂"禁止操作"的标示牌。

（2）汇报调度，根据命令，采取措施将故障断路器隔离。

（3）在接近设备时要谨慎，尽量选择从上风向接近设备，必要时要戴防毒面具、穿防护服。

（4）室内 $SF_6$ 气体断路器泄漏时，除应采取紧急措施处理，还应开启风机通风 15min 后方可进入室内。

**八、为什么在断路器控制回路中加装防跳跃闭锁继电器？**

在断路器合闸后，由于控制断路器的手柄未松开或触点卡住，使合闸回路仍处于接通状态，此时发生短路故障继电保护动作跳闸后，断路器将会再次重合。如果短路继续存在，保护又使断路器跳闸，那么就会出现断路器的反复跳、合的现象，此现象称为断路器跳跃。断路器多次跳跃会使断路器损坏，甚至造成断路器爆炸的严重事故。为此，必须采取措施防止跳跃发生，通常是在控制回路里加装防跳跃继电器，即防跳跃闭锁继电器。

**九、高压断路器一般由哪几部分组成？**

高压断路器一般由导电主回路、灭弧室、操动机构、绝缘支撑件及传动部件等部分组成。

（1）导电主回路：通过动、静触头的接触与分离实现电路的接通与隔离。

（2）灭弧室：使电路分断过程中产生的电弧在密闭小室的高压力下于数十毫秒内快速熄灭，切断电路。

（3）操动机构：通过若干机械环节使动触头按指定的方式和速度运动，实现电路的开断与关合。

（4）绝缘支撑件及传动部件：通过绝缘支柱实现对地的电气隔离，传动部件实现操作功的传递。

**十、什么叫触头？触头可分为哪几种？**

两个由于操作时相对运动而能分、合或滑动的导体称为触头，有时也将触头称为可做相对运动的电接触连接。从功能上可将触头分为下列几种：

（1）主触头。断路器主回路中的触头，在合闸位置承载主回路电流。

（2）弧触头。指在其上形成电弧并使之熄灭的触头（有些断路器中，主触头也兼做弧触头）。

（3）控制触头。接在断路器控制回路中，并由该断路器用机械方式操作的触头。

（4）辅助触头。接在断路器辅助回路中，并由该断路器用机械方式操作的触头。

根据触头所处位置可将触头分为下列几种：

（1）静触头。在分、合闸操作中固定不动的触头。

（2）动触头。在分、合闸操作中运动的触头。

（3）中间触头。主要是指分合闸操作过程中与动触杆一直保持接触的滑动触头。

**十一、为什么提高断路器分闸速度能减少电弧重燃的可能性和提高灭弧能力？**

提高断路器的分闸速度，即在相同的时间内触头间的距离增加较大，电场强度降低更多，与相应的灭弧室配合，使之在较短时间内建立强有力的灭弧能力；又能使熄弧后的间隙在较短时间内获得较高的绝缘强度，从而减少电弧重燃的可能性。

**十二、什么叫跳跃？什么叫防跳？目前常采用的有哪两种防跳跃方法？**

（1）所谓跳跃是指断路器在手动合闸或自动装置动作使其合闸时，如果操作控制开关为复归或控制开关触点、自动装置触点卡住，此时恰巧继电保护动作使断路器跳闸而发生的多次“跳—合”现象。

（2）所谓防跳是指利用操动机构本身的机械闭锁或另在操作接线上采取措施，以防止跳跃现象发生。

（3）防跳跃有机械和电气两种方法：

1）在操动机构的分闸电磁铁可动铁心上装设防跳跃触点，只要分闸铁心吸动就将合闸回路自动断开，这种方法称为机械防跳跃。

2）在断路器控制回路中装设防跳跃继电器。例如在分闸时，该防跳跃继电保护动作将合闸回路断开，并保持一定时间。再如，将防跳跃继电器线圈经断路器辅助触点串联后与合闸线圈相并联，一旦接到合闸命令，在断路器合闸终了，防跳跃继电器带电动作，其动断触点切断合闸回路。这样，即使合闸脉冲仍保持，断路器也不可能合闸。上述方法称为电气防跳跃。

**十三、$SF_6$ 断路器有哪些特点？**

（1）断口电压高，适合应用于高压、超高压和特高压领域，结构更简单，可靠性更高，体积小，无火灾危险。

（2）开断能力强，开断性能好。目前，$SF_6$ 断路器可以开断 80～100kA 的短路电流，开断时间短。由于 $SF_6$ 气体具有强负电性，离解温度低，离解能大，电弧在 $SF_6$ 气体中可以形成有利于熄弧的“电弧弧柱结构”，熄弧时间短（一般为 5～15ms）；同时，对其他类型断路器反应较为沉重的开断任务，如反相开断、近区故障、空载长线、空载变压器等开断性能也很好。开断小的感性电流时，截流电流值小，操作过电压低。

（3）寿命长，可以开断 20～40 次额定短路电流不用检修，额定负载电流可以开断 3000～6000 次，机械寿命可达 10 000 次以上。现在的产品一般可以做到 20～30 年不用检修。

（4）品种多，系列性好，有瓷柱式（GCBP）和罐式（GCBT）两大系列，又以 $SF_6$ 断路器为基础，发展了 GIS、HGIS 等多种产品。

（5）$SF_6$ 断路器没有燃烧危险。$SF_6$ 气体不燃烧，也不支持燃烧，运行更安全；不含碳原子，在电弧反应中没有碳或碳化物生成，绝缘和灭弧性能好，允许开断次数多，检修周期长。

（6）世界上每年有一半左右的 $SF_6$ 气体是用于高压开关设备，控制和减少使用 $SF_6$ 气体是高压开关设备研制的一项重要任务。在没有更好的替代物之前，提高 $SF_6$ 高压开关设备的断口电压、降低漏气率、减少废气排放、进行回收利用是降低 $SF_6$ 使用量的重要措施。

**十四、合闸电阻由哪几部分组成？**

合闸电阻的装配主要由电阻片、绝缘杆、传动连杆、（动、静）主触头、（动、静）弧触头及弹簧等组成。电阻与辅助断口并联，与两个主断口串联。

**十五、合闸电阻常见的故障有哪些？**

合闸电阻是高压断路器容易出现故障的部位，一般常见故障有：

（1）动作时间特性不满足要求，电阻片老化，阻值增大。

（2）电阻片击穿，阻值减小等。

**十六、真空断路器具有哪些优点？**

（1）熄弧过程在密封的真空容器中完成，电弧和高温气体不会向外界喷溅，因此不会污染周围环境。

（2）真空的绝缘强度高、熄弧能力强，所以触头的行程很小，一般在几毫米以内，因此操动机构的操作功率小，使整个断路器小而轻。

（3）熄弧时间短，且与开距断开电流大小无关，一般只有半个周波，故有半周波断路器之称。电弧电压低、电弧能量小、触头损耗少，因而分断次数多、使用寿命长，适合频繁操作。

（4）断路器操作时振动轻微，几乎没有噪声，适用于城市区域和要求安静的场所。

（5）灭弧介质为真空，因而与海拔有关，同时没有火灾和爆炸的危险。

（6）在真空灭弧室的使用期限内，触头部分不需要维修、检查；即使机构维修检查，也十分简便，所花费的时间也很短。

（7）熄弧后触头间隙介质恢复速度快，对开断近区故障性能较好。

**十七、真空断路器开断不同负载时存在的问题有哪些？**

（1）真空断路器以其很强的灭弧能力得到广泛的应用，但正因为灭弧能力太强，带来了截流过电压的产生，尤其对感性小电流更易发生截流。

（2）真空断路器开断容性负载时，由于开距很小，也时常发生重燃。重燃过电压对电容器组的危害很大。

（3）在开断与关合电容器组时，主要存在合闸涌流和分闸过电压两个问题。

**十八、真空断路器是如何灭弧的？**

当操动机构使动导电杆向上运动时，动触头和静触头就会闭合，电源与负载接通，电流就流过负载。如果这时动导电电杆向相反方向动作，即向下运动，动触头和静触头就会分离；在刚分离的瞬间，触头之间将会产生真空电弧。真空电弧是依靠触头上蒸发出来的金属蒸气来维持的，直到工频电流接近零时，真空电弧的等离子体很快向四周扩散，电弧就被熄灭，触头间隙由导电体变为绝缘体，于是电流被分断。

**十九、什么是弹簧操动机构？**

弹簧操动机构是一种以弹簧作为储能元件的机械式操动机构。弹簧的储能借助电动机通过减速装置来完成，并经过锁扣系统保持在储能状态。开断时，锁扣借助磁力脱扣，弹簧释放能量，经过机械传递单元使触头运动。

弹簧操动机构的分、合闸操作通过两个螺旋压缩弹簧实现。储能电动机给合闸弹簧储能，合闸时合闸弹簧的能量一部分用来合闸，另一部分用来给分闸弹簧储能。合闸弹簧一释放，储能电动机立刻给其储能，储能时间不超过 15s（储能电动机采用交直流两用电动机）。运行时分、合闸弹簧均处于压缩状态，而分闸弹簧的释放有一独立的系统，与合闸弹簧没有关系。这样设计的弹簧操动机构具有高度的可靠性和稳定性，既可满足O—0.3—CO—180—CO（O 代表分闸，C 代表合闸）操作循环，又可满足 CO—15—CO 操作循环，机械稳定性试验达 10 000 次。

**二十、弹簧操动机构的结构有哪些特点？**

弹簧操动机构采用事先储存在弹簧内的势能作为驱动断路器合闸的能量，其主要特点有：

（1）不需要大功率的储能源，紧急情况下也可手动储能，所以其独立性和适应性强，可在各种场合使用。

（2）根据需要可构成不同合闸功能的操动机构，这样可以配用于 10～220kV 各电压等级的断路器中。

（3）动作时间比电磁机构快，因此可以缩短断路器的合闸时间。

（4）缺点是结构比较复杂，机械加工工艺要求比较高。其合闸力输出特性为下降曲线，与断路器所需要的呈上升的合闸力特性不易配合好。合闸操作时冲击力较大，要求有较好的缓冲装置。

# 第四章

# 隔 离 开 关

## 第一节 总 体 介 绍

隔离开关（俗称刀闸）是高压开关设备中使用最多的一种电气设备，在电路中起隔离作用的。它本身的工作原理及结构比较简单，但是由于使用量大，工作可靠性要求高，对变电站、电厂的设计、建立和安全运行的影响均较大。隔离开关的主要特点是无灭弧能力，只能在没有负载电流的情况下分、合电路。

### 一、水平断口隔离开关传动系统

水平断口隔离开关传动系统主要由垂直连杆、水平连杆及传动装配等组成。

GW4 隔离开关操作：由操动机构带动底座中部的转动轴旋转 180°，通过水平连杆带动一侧的支柱绝缘子（安装于转动杠杆上）旋转 90°，并借交叉连杆使另一支柱绝缘子反向旋转 90°，于是两闸刀便向一侧分开或闭合；另外两相（从动相）则通过三相连杆联动，同步（于主动相）分合。

GW7 隔离开关操作：由操动机构带动导电杆支柱绝缘子旋转，导电杆旋转一定角度后使导电杆与两侧静触头可靠接触；另外两相（从动相）则通过三相连杆联动，同步（于主动相）分合。

另外，部分隔离开关根据设计要求配备接地开关。接地开关操动机构分合时，借助传动轴及水平连杆使接地开关轴旋转一角度达到分合的目的。由于接地开关转轴上有扇形板，与紧固于瓷柱法兰上的弧形板组成连锁，故能确保隔离开关分闸—接地开关合闸—接地开关分闸—隔离开关合闸的顺序动作。

### 二、垂直断口隔离开关传动系统

垂直断口隔离开关主要由三个单极组成，每极由底座、绝缘支柱、传动机构、操作绝缘子、导电臂和静触头组成。其中，导电臂由上、下导电臂和活动关节三部分组成。动作原理为（以合闸过程为例）：首先通过机构带动操作绝缘子旋转，操作绝缘子带动下导电臂上升，下导电臂通过活动关节带动上导电臂上升，导电臂举升后带动动触头动作，使动、静触头相接触完成合闸。弹性装置使动、静触头合闸后保持一定的夹紧压力。平衡弹簧用以抵消闸刀重力所产生的合闸阻力，使操作轻便。

### 三、操动机构

隔离开关的分合由操动机构实现，通常配备手动操动机构或电动操动机构。

（1）手动操动机构以人力为操作动力，由凸轮、连杆等组成，操作方式多为水平操作。

（2）电动操动机构主要由电动机、机械减速传动系统、电气控制系统和箱体等组成。由电动机驱动，通过齿轮、蜗杆涡轮减速后将转矩传至输出轴。电动操动机构以电动机为操作动力，其与手动操动机构最大的区别在于它包含电气回路，同时电动操动机构具备手动操作功能。

机构设有“远方/停止/就地”切换开关：当机构调整或检修时拨到“就地”位置，可在机构前操作（此时远动电力已切断）；拨至“远方”位置时，机构分合按钮不起作用，只可远动。

机构箱内装有加热器，可以驱散箱内潮气，防止电器元件受潮引起故障。

## 第二节 运 维 细 则

### 一、一般规定

（1）隔离开关和接地开关所有部件和箱体上，尤其是传动连接部件和运动部位不得有积水出现。

（2）隔离开关应有完整的铭牌、规范的运行编号和名称，相序标志明显，分合指示、旋转方向指示清晰正确，其金属支架、底座应可靠接地。

（3）隔离开关导电回路长期工作温度不宜超过 80℃。

（4）隔离开关电动操动机构操作电压应在额定电压的 85%～110%之间。

### 二、紧急停运规定

当发现线夹有裂纹、接头处导线断股散股严重；导电回路严重发热达到危急缺陷，且无法倒换运行方式或转移负荷；绝缘子严重破损且伴有放电声或严重电晕；绝缘子发生严重放电、闪络现象；绝缘子有裂纹等情况时，应立即向值班调控人员申请停运处理。

### 三、巡视

在隔离开关巡视过程中，要注意检查：合闸状态的隔离开关触头接触是否良好，合闸角度是否符合要求；分闸状态的隔离开关触头间的距离或打开角度是否符合要求；操动机构的分、合闸指示与本体实际分、合闸位置相符；触头、触指（包括滑动触指）、压紧弹簧无损伤、变色、锈蚀、变形，导电臂（管）无损伤、变形现象；引线弧垂满足要求，无散股、断股，两端线夹无松动、裂纹、变色等现象；绝缘子外观清洁，无倾斜、破损、裂纹、放电痕迹或放电异声，隔离开关操动机构机械指示与隔离开关实际位置一致；基础无破损、开裂、倾斜、下沉，架构无锈蚀、松动、变形现象，无鸟巢、蜂窝等异物；“五防”锁具无锈蚀、变形现象，锁具芯片无脱落损坏现象。

### 四、红外检测

（1）不同电压等级检测周期：110（66）kV 以半年为周期，35kV 及以下以 1 年为周期，新投运后 1 周内（但应超过 24h）及时进行红外监测。

（2）检测范围：引线、线夹、触头、导电臂（管）、绝缘子、二次回路。

（3）检测重点：线夹、触头、导电臂（管）。

## 第三节 检 修 细 则

（1）隔离开关在合、分闸过程中无异响、无卡阻；检测隔离开关技术参数，应符合相关技术要求；触头表面平整、接触良好、镀层完好，合、分闸位置正确；合闸后过死点位置正确，符合相关技术规范要求。

（2）触头压（拉）紧弹簧弹性良好，无锈蚀、断裂，引弧角无严重烧伤或断裂情况；导电臂及导电带无变形，导电带无断片、断股，镀层完好，连接螺栓紧固；动、静触头及导电连接部位应清理干净，并按厂家规定进行涂覆；接线端子或导电基座无过热、变形、裂纹，连接螺栓紧固；均压环无变形、歪斜、锈蚀，连接螺栓紧固；绝缘子无破损、放电痕迹，法兰螺栓无松动，粘合处防水胶无破损、裂纹；传动部件无变形、开裂、锈蚀及严重磨损，连接无松动。

（3）转动部分涂以适合本地气候条件的润滑脂。轴销、弹簧、螺栓等附件齐全，无锈蚀、缺损；垂直拉杆顶部应封口，未封口的应在垂直拉杆下部合适位置打排水孔；机械闭锁盘、闭锁板、闭锁销无锈蚀、变形，闭锁间隙符合相关技术规范。

（4）底座支撑及固定部件无变形、锈蚀，焊接处无裂纹；底座轴承转动灵活，无卡滞、异响，连接螺栓紧固；设备线夹无裂纹、无发热；引线无烧伤、断股、散股；接地引下线无锈蚀，焊接处无开裂，连接螺栓紧固；操动机构箱体无变形、箱内无凝露、积水，驱潮装置工作正常，封堵良好。

（5）二次回路接线牢靠、接触良好，端子排无锈蚀；二次回路及元器件绝缘电阻符合相关技术标准要求；二次元器件无锈蚀、卡涩，辅助开关与传动杆连接可靠。

（6）电气及机械闭锁动作可靠；操动机构的分、合闸指示与本体实际分、合闸位置相符；导电部位应进行回路电阻测试，数据应符合产品技术规定。

## 第四节 试 验 细 则

### （一）试验目的

测量在合闸状态下导电回路的接触电阻，检查回路有无接触性缺陷，是否接触良好，端口有无摩擦，接触面是否存有氧化层。

### （二）试验方法

隔离开关回路电阻试验接线如图 4-1 所示。

导电回路电阻测量应在隔离开关合闸状态下进行，将导电回路测试仪试验线接至断路器一次接线端上，将电压、电流线分别插入仪器的“*U*+、*U*–”“*I*+、*I*–”两端，电压线接在隔离开关内侧，电流线接在隔离开关外侧。如采用直流压降法测量，则电流应不小于 100A。检查确认试验接线正确后，打开电源开关，按下“测试”键开始测量。待充电电流及测试数据稳定后记录试验结果，按下“返回”键，待仪器放电完毕后断开电源。

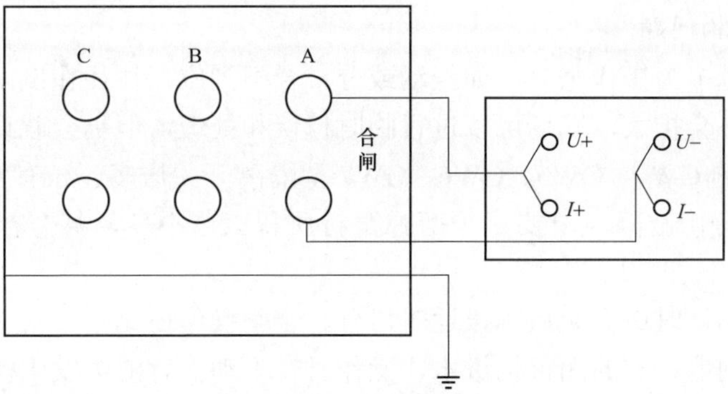


图 4-1 隔离开关回路电阻试验接线示意图

（三）注意事项

接线时，应做好防止高空坠落的措施并注意保持与带电体的距离。

（四）标准要求

（1）交接验收时，应符合制造厂产品技术规定。

（2）大修后，回路电阻不应大于出厂值的 1.5 倍。

（3）运行中，一般不做本项目。

## 第五节 常见故障与典型案例

### 一、隔离开关常见故障

隔离开关运行中，主要存在的缺陷和故障有锈蚀严重、操作卡涩以及分、合闸不到位、导电回路发热、绝缘子断裂等。在各种缺陷和故障中，比较普遍发生的是机构问题，包括锈蚀、进水受潮、润滑干涸、机构卡涩、辅助开关失灵等，这些缺陷不同程度上导致隔离开关分、合不正常；因此，拒动和分、合闸不到位发生最多。其次是导电回路接触不良，正常运行时发热，严重时可使隔离开关退出运行；其主要原因是隔离开关触头弹簧失效，使接触面接触不良。对安全运行威胁最大的是绝缘子断裂故障。合后自动分闸故障也有发生，但后果却很严重。从种类来看，GW4、GWS、GW6 和 GW7 型隔离开关发生的问题最多；另外，GW16、GW17、GW20、GW21 型隔离开关的缺陷和问题也比较突出。

（一）绝缘子断裂故障

发生这种故障的隔离开关有 GW4、GW5、GW6、GW7、GW16、GW17、GW20、GW21 等型号，有的造成重大事故，影响极大。支柱绝缘子和旋转绝缘子断裂问题每年都有发生，其中以运行多年的老产品居多，也有刚投运的新产品。除了支柱绝缘子外，旋转绝缘子断裂故障时有发生，旋转绝缘子操作时主要受扭力作用，例如 GW6、GW16、GW17、GW20、GW21 型隔离开关操作时都发生过旋转绝缘子断裂事故。绝缘子断裂事故至今仍不能有效预防。支柱绝缘子断裂，特别是母线侧支柱绝缘子断裂，会引发母线差动保护动作使变电站全停，造成重大事故。

（二）传动机构问题

传动机构问题多为操作失灵，如拒动或分、合不到位，往往在倒闸操作时易发生。很多情况下故障不会扩大，现场可以进行临时检修和处理，但仍会耽误停送电时间。发生问题的以老旧的 GW4、GW5、GW6、GW7 型隔离开关居多，还有 GW6 型隔离开关曾发生合后自动分闸故障（主要是平衡弹簧材质和工艺不良，甚至在运行中平衡弹簧断裂）。

隔离开关在出厂时或安装后刚投运时，分、合闸操作还比较正常，但运行几年后就会出现各种各样问题；有的因机构进水，操作时转不动，有的会发生操作时连杆扭弯，还有的在连杆焊接处断裂而操作不动，由于机构卡涩问题会引起各种故障。操作失灵首先是机械传动问题，早期使用的机构箱容易进水、凝露和受潮，转动轴承防水性能差，又无法添加润滑油。隔离开关长期不操作，机构卡涩，轴承锈死时强行操作往往导致部件损坏变形。

隔离开关大修解体，发现底座内的轴承均有不同程度的生锈和干涩现象：

（1）有的轴承出厂时根本就没有涂黄油，锈蚀非常严重，几乎锈死。

（2）有的黄油已成块儿，且藏污严重，轴承运转阻力非常大。

（3）仅有少数能够勉强转动，但也不够灵活。

因而可以肯定，底座内轴承的严重锈蚀和干涩是造成隔离开关拒动的主要原因，其他与传动系统相连部位（如机构主轴、转动臂、连杆的活动位置等）的锈蚀只是引起操作的困难。

（三）导电回路发热

GW4、GW、G7 型隔离开关为水平转动开启式，动触头插入静触头后，靠静触指压紧弹簧保持合闸接触状态。运行中常常发生导电回路异常发热，可能是静触指压紧弹簧压力（拉力）达不到要求，也可能是静触指接触不良造成的，还有是长期运行后，接触面氧化、锈蚀使接触电阻增加而造成运行中弹簧长期受压缩（拉伸），并由于工作电流引起发热，使弹性变差，恶性循环，最终造成烧损。有些触头银层工艺差，厚度得不到保证，易磨损露铜，导电杆被腐蚀等。此外，还有合闸不到位或剪刀式结构夹紧力达不到要求等问题。导电回路接触不良发热的主要原因是：弹簧锈蚀、变细、变形，以致弹力下降；机构操作困难引起分、合位置错位及插入不够；接线板螺钉年久锈死，接触压力下降；接触面藏污纳垢，清理不及时等。

涂抹导电物质不当也会造成隔离开关接触电阻增大发热。查资料可知，早期检修安装中经常使用的中性凡士林滴点太低，只有 4℃，在夏天正常的运行温度 70℃时就已经液化，使隔离开关接触部位间产生间隙，灰尘和水分随之进入间隙中，增加了接触电阻，引起接头发热。而近年来使用的电力复合脂，当涂抹过厚时，经过运行操作，将在触指表面产生堆积，由此引起对触头放电，导致触头烧损露铜发热。

GW4、GW5 型隔离开关触头接触处是过热发生频率较高的部位，而左触头发热一般不被人们注意，因为左触头紧靠触头接触处，其发热现象容易被触头接触处发热所掩盖。在现场测量时经常发现左触头温度明显高于触头接触处，这两处发热的主要原因有：

合闸不到位或合闸过度，造成接触面接触压力不够，导致发热；因过热或锈蚀等原因引起左触头弹簧弹性下降，造成左触指与触指座、右触头之间的接触压力不够，导致发热；左右触头烧伤，表面不平整，造成有效接触面积减小，导致发热等。

（四）进水与防锈问题

隔离开关机构箱（传动箱）进水以及轴承部位进水现象很普遍，金属零部件的锈蚀问题也十分严重。老产品，凡是金属部件，大多会发生不同程度的锈蚀，锈蚀包括外壳、连杆、轴销等。曾发生GW6型隔离开关的中间机构箱上的防雨罩锈蚀到不能碰的情况；加之连杆、轴销润滑措施不当，导致机械传动失灵。隔离开关运行中，雨水顺着连接头的键槽流入垂直连杆内，因连杆下部与连接头焊死不通，进入垂直连杆内的雨水日积月累后造成管内壁生锈严重，致使钢管强度大幅度降低，操作中造成多起垂直连杆扭裂的故障。另外，冬季来临时管内结冰，体积的膨胀可能造成钢管破裂，致使本体与机构脱离。此时隔离开关失去闭锁能力，有可能在运行中自动分闸，形成严重的误分事故。

## 二、常见故障处理

（一）接触部分过热处理

（1）应停电处理，处理时应认真执行导电回路检修工艺及质量标准。

（2）解体检修时，严禁使用有缺陷的劣质线夹、螺栓等零部件。用压接式设备线夹替换螺栓式设备线夹，接头接触面要清洗干净并及时涂抹导电脂，螺栓使用应正确、紧固力度应适中。

（3）对过热频率较高的母线侧隔离开关，要保证检修到位并保证检修质量。对接线座部位，要重点检查导电带两端的连接情况，保证两端面清洁、平整、涂抹导电脂、压接紧密。对触头部位，要保证触头的光洁度，并涂抹中性凡士林，检查触头的烧伤情况，必要时要更换触头、触指，左触头的触指座要打磨干净，有过热、锈蚀现象的弹簧应更换。要保证三相分合同期，右触头的插入深度符合要求且两侧触指压力均匀。为检验检修质量，还应测量回路接触电阻，保证各接触面接触良好。

（4）对老型号的GW4、GWS型隔离开关左触头处过热，应采取加装分流带的处理方法，即在每个触指和触指座相应的地方，各钻一个$\phi$6mm螺孔，然后用螺钉将叠起的铜质软连接片固定在触指与触指座之间。

（5）对老型号的GW4、GW5型隔离开关左触头更换为新式触头。新式触头弹簧中间有绝缘块，消除了弹簧分流的可能性，使弹簧不易退火变形、弹性减弱。

（6）涂在隔离开关动触头及静触杆上导电膏的量不易掌握，致使隔离开关发热。处理方法是针对这种活动导电接触面，应严格控制导电膏的涂抹量。首先使用无水乙醇将活动接触面清洗干净，在导电面上抹一层均匀少量的导电膏，马上用布擦干净，使导电面上只留下微量的薄层导电膏。

（二）支柱式绝缘子断裂和闪络放电处理

（1）应停电处理，处理时应认真执行支柱式绝缘子检修工艺及质量标准。

（2）新支柱式绝缘子采用的是高强度瓷柱，应使用超声波无损探伤仪对瓷柱进行检测，测试合格后方可使用。

（3）对运行中的支柱式绝缘子加强维护工作，在探伤诊断良好的基础上，在瓷柱所在水泥结合面处涂绝缘子专用防护胶。

（4）更换新的瓷柱，增加爬电距离和瓷柱高度，提高整体绝缘水平。采取带电清扫，加强清扫力度，给隔离开关绝缘子增加硅橡胶裙以增大爬电距离和利用 RTV（室温硫化硅橡胶）涂料的憎水性喷涂 RTV。

（三）拒绝分、合闸处理

1. 传动机构及传动系统造成的拒分、拒合

（1）原因。机构箱进水，各部轴销、连杆、拐臂、底架甚至底座轴承锈蚀卡死，造成拒分、拒合。

（2）处理方法。对传动机构及锈蚀部件进行解体检修，更换不合格元件。加强防锈措施，涂润滑脂，加装防雨罩。传动机构问题严重或有先天性缺陷时应更换。

2. 电气问题造成的拒分、拒合

（1）原因。三相电源开关未合上、控制电源断线、电源熔断器熔断、热继电器误动切断电源、二次元件老化损坏使电气回路异常、电动机故障等，都会造成电动机构分、合时，电动机不启动，隔离开关拒动。

（2）处理方法。电气二次回路串联的控制保护元器件较多，包括小型断路器、转换开关、交流接触器、限位开关及联锁开关、热继电器等。任一元件故障，就会导致隔离开关拒动。当按分、合闸按钮不启动时，要首先检查操作电源是否完好，然后检查各相关元件，发现元件损坏时应更换，并查明原因。二次回路的关键是各个元件的可靠性，必须选择质量可靠的二次元件。

（四）分、合闸不到位

1. 机构及传动系统造成的分、合闸不到位

（1）原因。机构箱进水，各部轴销、连杆、拐臂、底架甚至底座轴承锈蚀，会造成分、合闸不到位；连杆、传动连接部位、刀触头架支撑件等强度不足断裂，也造成分、合闸不到位。

（2）处理方法。对机构及锈蚀部件进行解体检修，更换不合格元件；加强防锈措施，采用二硫化钼锂；更换带注油孔的传动底座。

2. 隔离开关分、合闸不到位或三相不同期

（1）原因。分、合定位螺钉调整不当；辅助开关及限位开关行程调整不当；连杆弯曲变形使其长度改变，造成传动不到位等。

（2）处理方法。检查定位螺钉和辅助开关等元件，发现异常进行调整，对有变形的连杆，应查明原因及时消除故障。此外，在操作现场，当出现隔离开关合不到位或三相不同期时，应拉开重合，反复合几次，操作时应符合要求，用力适当。如果还未完全合到位，不能达到三相完全同期，应安排计划停电检修。

（五）电动操动机构不动作

（1）机构问题主要表现为操作失灵，如拒动或分、合闸不到位，往往发生在倒闸操

作时，影响系统的安全运行。由于机构箱密封不好或进水造成机构锈蚀严重，润滑干涸，操作阻力增大，在操作困难的同时，还会发生零部件损坏，如变速齿轮断裂、连杆扭弯等。

（2）二次回路的可靠性将直接影响高压隔离开关的动作可靠性，辅助开关和行程开关切换不到位或者触点接触不良均会造成隔离开关拒动。接线端子接触不良、接触器不吸合、电动机烧坏、二次线绝缘破坏等会造成远方操作失灵。二次回路的关键是各个元件的可靠性，必须选用质量可靠的二次元件。

（3）应停电处理，处理时应认真执行操动机构检修工艺及质量标准。

### 三、隔离开关典型故障案例

（一）案例说明

某变电站红外测温人员到主变110kV侧进行红外诊断，室外温度28℃，发现110kV主进线隔离开关C相线路侧线夹与接线板温度为136℃（160A）。同时发现主进线甲A相线路线夹与接线板温度为45℃，B相线路侧线夹与接线板温度为49℃。经过对比，属于过热故障。

（二）案例分析及处理

2009年6月5日上午经过检修人员结合红外热像图片及现场分析，确认隔离开关线夹过热原因可能为两个固定螺栓松动造成接触不良或接触面不干净。

2009年6月5日下午进行停电检修，发现确为两个固定螺栓松动造成两接触面接触不良，主要原因是两个固定螺栓没有弹簧垫圈，经过长时间的运行造成螺栓氧化松动。随后对两接触面进行打磨处理并更换带有弹簧垫圈的螺栓。

（三）案例总结

螺栓松动与接触面积不足是质量问题，不是疑难技术问题。设备安装时，检修人员要有强烈的质量意识和责任心，对每个部位严格把关，首先保证设备工艺处理的第一道工序合格。

## 第六节 理论知识试题

### 一、什么是隔离开关？

隔离开关是一种没有专门灭弧装置的开关设备，在分闸状态有明显可见的断口（支柱式），在合闸状态能可靠地通过正常工作电流，并能在规定的时间内承载故障短路电流和承受相应电动力的冲击。当回路电流“很小”时，或者当隔离开关每极的两接线端之间的电压在关合和开断前后无显著变化时，隔离开关具有关合和开断回路电流的能力。

### 二、引起隔离开关接触部分发热的原因有哪些？如何处理？

引起隔离开关接触部分发热的原因有：

（1）压紧弹簧或螺钉松劲。

（2）接触面氧化，使接触电阻增大。

（3）刀片与静触头接触面积太小，或过负荷运行。

（4）在拉合过程中，电弧烧伤触头或用力不当，使接触位置不正，引起压力降低。

处理方法有：

（1）检查、调整弹簧压力或更换弹簧。

（2）用 0 号砂纸清除触头表面氧化层，打磨接触面，增大接触面，并涂上中性凡士林。

（3）降负荷使用，或更换容量较大的隔离开关。

（4）操作时，用力适当；操作后，应仔细检查触头接触情况。

**三、隔离开关的小修项目有哪些要求？**

检修前应先了解该设备运行中的缺陷，然后主要进行下列检查：

（1）清扫检查瓷质部分及绝缘子安装接口处有无缺陷。

（2）试验各转动部位有无卡涩，并注润滑油。

（3）清洗动、静触头，检查其接触情况，触指弹簧片不应失效。

（4）检查各相引线卡子及导电回路连接点。

（5）检查三相接触深度和同期情况。

（6）检查电气或机械闭锁情况。对于电动机构或液压机构，应转动检查各部分附件装置。最后填好检修记录。

**四、长期运行的隔离开关，其常见的缺陷有哪些？**

（1）触头弹簧的压力降低，触头的接触面氧化或积存油泥而导致触头发热。

（2）传动及操作部分的润滑油干涸，油泥过多，轴销生锈，个别部件生锈以及产生机械变形等。以上情况存在时，可导致隔离开关的操作费力或不能动作，距离减小以致合不到位和同期性差等缺陷。

（3）绝缘子断头、绝缘子损伤和表面脏污等。

**五、引起隔离开关触头发热的原因是什么？**

（1）隔离开关过载或者接触面不严密使电流通路的截面减小，接触电阻增加。

（2）运行中接触面产生氧化，使接触电阻增加。因此，当电流通过时触头温度就会超过允许值，甚至有烧红熔化以至熔接的可能。在正常情况下，触头的最高允许温度为 75℃，因此应调整接触电阻使其值不大于规定值。

**六、高压隔离开关有哪些典型的类型？**

（1）按装设地点的不同，分为户内式和户外式两种。

（2）按支柱绝缘子的数目，可分为单柱式、双柱式和三柱式三种。

（3）按隔离开关的运动方式，可分为水平旋转式、垂直旋转式、摆动式和插入式四种。

（4）按有无接地装置及附装接地开关的数量不同，分为不接地（无接地开关）、单接地（有一台接地开关）和双接地开关（有两台接地开关）三类。

（5）按极数，可分为单极和三极两种。

（6）按操动机构的不同，可分为手动、电动和气动等类型。

（7）按使用性质不同，可分为一般用、快分用和变压器中性点接地用三类。

**七、隔离开关的作用是什么？**

（1）在设备检修时，用隔离开关来隔离有电和无电部分，造成明显的断开点，使检修的设备与电力系统隔离，以保证工作人员和设备的安全。

（2）隔离开关和断路器相配合，进行倒闸操作，以改变运行方式。

（3）用来开断小电流电路和旁（环）路电流：

1）拉、合电压互感器和避雷器。

2）拉、合母线及直接连在母线上设备的电容电流。

3）拉、合电压为 35kV、长 10km 以内的空载输电线路；拉、合电压为 10kV、长 50km 以内的空载输电线路；拉、合 10kV 及以下、电流在 15A 以下的负荷；拉、合 35kV、1000kVA 及以下和 110kV、3200kVA 及以下的空载变压器等。

4）对双母线带旁路接线，当某一出线单元断路器因某种原因出现分、合闸闭锁，用旁路母线断路器带其运行时，可用隔离开关并联回路；操作前，必须停用旁路母线断路器的操作电源。

5）对一个半断路器接线（俗称“3/2 断路器接线”），当某一串断路器出现分、合闸闭锁时，可用隔离开关来解环，但要注意其他串的所有断路器必须在合闸位置。

6）对双母线单分段接线方式，当 2 个母联断路器和分段断路器中某一断路器出现分、合闸闭锁时，可用隔离开关断开回路；操作前，必须确认 3 个断路器在合闸位置并断开 3 个断路器的操作电源。

（4）用隔离开关进行 500kV 小电流电路合旁（环）路电流的操作。须经计算符合隔离开关技术条件和有关调度规程后方可进行。

**八、隔离开关的绝缘由哪几部分组成？**

隔离开关的绝缘主要由对地绝缘和断口绝缘组成。

（1）对地绝缘。对地绝缘一般是由支柱绝缘子和操作绝缘子构成。它们通常采用实心棒形瓷质绝缘子，有的也采用环氧树脂或环氧玻璃布板等作为绝缘材料。

任何一种隔离开关都有支撑绝缘件，随着结构的不同，其数量也不同。其主要作用是保证导电系统有可靠的对地绝缘，承受各种操作力及自然条件所附加的外力、导线的拉力等。隔离开关一般都采用实心棒形支柱绝缘子。为满足不同产品的需要，支柱的参数往往不同，一般分为普通型和耐污型。根据系统布置的需求，支柱的强度又可分为若干种。对于支柱绝缘子，要了解的几个主要参数包括抗弯破坏强度、抗扭破坏强度、干弧距离、爬电距离。

（2）断口绝缘。断口绝缘是具有明显可见的间隙断口，绝缘必须稳定可靠，通常以空气为绝缘介质。断口绝缘水平应较对地绝缘高 10%～15%，以保证断口处不发生闪络或击穿。

**九、隔离开关底座的作用是什么？**

底座是整台产品的基础，通常由钢板焊接或螺栓连接而成，用于连接现场基础和支柱绝缘子。此外，现场接地和操动机构传动件也在其上，带有接地开关的隔离开关底座、接地开关也固定在上面。

**十、隔离开关的动作原理是什么？**

（1）隔离开关由操动机构通过连接钢管将力矩传递给操作绝缘子，操作绝缘子带动导电闸刀实现水平伸展的动作，完成合闸操作；反向操作，完成分闸操作。

（2）接地开关操动机构分、合闸操作时，通过传动轴及水平连杆使接地开关转轴旋转，带动接地开关杆垂直伸缩，完成接地动触头分、合闸的操作。

（3）隔离开关与接地开关间的机械闭锁装置，能确保隔离开关和接地开关按主分—地合、地分—主合的方式动作。隔离开关和接地开关可实现三相机械联动，也可单相电动或手动操作。

# 第五章

# 电流互感器

## 第一节　总　体　介　绍

### 一、工作原理及分类

#### （一）工作原理

电流互感器（TA）是根据电磁感应原理制成的，用于将电网大电流信息转换成小电流信息，提供给二次侧的计量、测量仪表及继电保护、自动装置等，是一次系统与二次系统的联络元件。

当电流互感器一次侧接在被测线路中，由于二次负载是低阻抗，所以相当于一台短路运行的变压器。电流变比相当于匝数或电动势的反比，当二次开路时，将产生很高的电压，危及人身和设备安全，因此严禁电流互感器运行中二次开路。电流互感器的原理如图 5-1 所示。

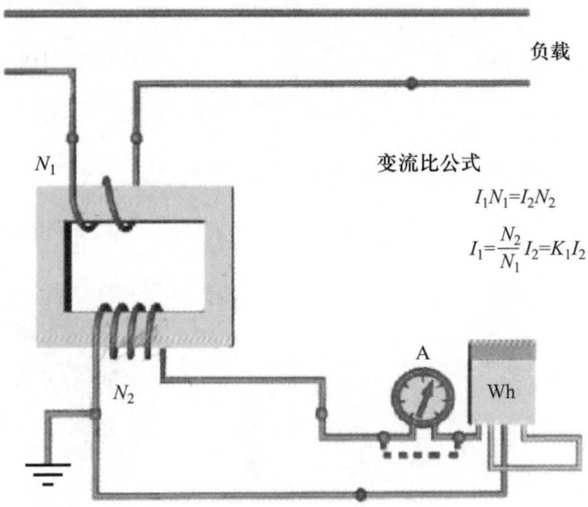


图 5-1　电流互感器原理图

#### （二）分类

1. 按安装位置分

按安装位置不同，可分为户内式和户外式电流互感器。

（1）户内式电流互感器只能安装于户内，其额定电压多不高于 35kV。

（2）户外式电流互感器既可以在户外安装，也可以在户内安装，其额定电压多在 35kV 以上。

2. 按绝缘方式分

按绝缘方式不同，可分为油浸式、浇注式、气体绝缘和干式绝缘电流互感器。

（1）油浸式即油浸式互感器，实际上产品内部采用油和纸的复合绝缘，额定电压可达 500～1100kV。

（2）浇注式即用环氧树脂或其他树脂为主的混合材料浇注成型的电流互感器，多在低于 35kV 电压等级采用。国外有用特殊橡胶浇注的电流互感器。

（3）气体绝缘即产品内部有特殊气体，如以 $SF_6$ 气体作为绝缘介质的互感器，多用于超高压产品。

（4）干式绝缘即采用聚四氟乙烯绝缘，额定电压可做到 110kV。

3. 按用途分

按用途不同，可分为测量用和保护用电流互感器。

（1）测量用的电流互感器用于测量电力线路中的电流、电能（和电压互感器配合）。

（2）保护用的电流互感器可以把很大的故障电流传给保护装置，保护装置将信号传输给断路器，断路器动作切除故障线路或设备。

## 二、结构解析

根据电压等级的不同，电流互感器的外观结构也有很大差别。

### （一）10kV 电流互感器

不同类型的 10kV 电流互感器如图 5-2 所示。

（a）　　（b）　　（c）

图 5-2　10kV 电流互感器

（a）零序电流互感器；（b）支柱式电流互感器；（c）穿墙式电流互感器

### （二）66～110kV 电流互感器

不同类型的 66～110kV 电流互感器如图 5-3 所示。

（a）　　（b）　　（c）

图 5-3　66～110kV 电流互感器

（a）干式电流互感器；（b）电容式电流互感器；（c）油浸式电流互感器

### 三、铭牌解读

电流互感器的铭牌主要由型号、额定工作电压、额定一次电流、额定二次电流、额定电流比、额定负荷、额定功率因数、准确度等级等组成，电流互感器铭牌组成及含义如图 5-4 所示。

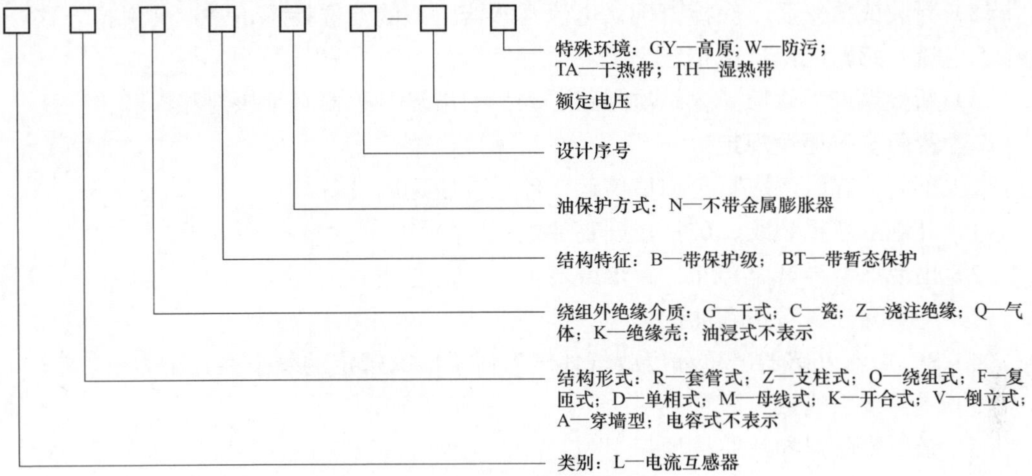


图 5-4　电流互感器铭牌组成及含义

例如，LB7-220W 型电流互感器含义为：L—电流互感器；电容油浸式；B—带保护级；7—设计序号；220—额定电压为 220kV；W—防污型。

（1）额定电压：电流互感器允许长期运行的最高相间电压有效值。

（2）额定一次电流：作为电流互感器性能基准的一次电流。

（3）额定二次电流：作为电流互感器性能基准的二次电流值，通常为 5A 或 1A。

（4）额定电流比：额定一次电流与额定二次电流的比值。

（5）额定负荷：确定电流互感器准确度等级所依据的负荷值。电流互感器二次 K1、K2 端子以外的回路阻抗都是电流互感器的负荷，通常以视在功率（VA）或阻抗（Ω）表示。

（6）额定功率因数：二次额定负荷阻抗的有功部分与额定阻抗之比。

（7）准确度等级：在规定使用条件下，电流互感器的误差在该等级规定的限值之内。在电力工程中，计量常用的准确度等级有 0.2、0.5、0.2S、0.5S 等。

## 第二节　运　维　细　则

### 一、一般规定

（1）电流互感器二次绕组所接负荷应在准确度等级所规定的负荷范围内。互感器允许在设备最高电压下和额定连续热电流下长期运行。

（2）电流互感器二次侧严禁开路，备用的二次绕组应短接接地。

（3）运行中的电流互感器二次侧只允许有一个接地点。其中，公用电流互感器二次绕组二次回路只允许且必须在相关保护柜屏内一点接地。独立的、与其他电压互感器和电流互感器的二次回路没有电气联系的二次回路应在开关场一点接地。

（4）电流互感器在投运前及运行中应注意检查各部位接地是否牢固、可靠，末屏应可靠接地，严防出现内部悬空的假接地现象。

（5）新装或检修后，应检查确认电流互感器三相的油位指示正常，并保持一致。运行中的电流互感器应保持微正压。

（6）新投入或大修后（含二次回路更动）的电流互感器必须核对相序和极性。

**二、紧急申请停运规定**

发生下列情况时，应紧急申请停运，停运前应远离设备：

（1）外绝缘严重裂纹、破损，严重放电。

（2）出现严重异音、异味、冒烟或着火。

（3）严重漏油、看不到油位。

（4）$SF_6$ 电流互感器严重漏气或气体压力低于厂家规定的最小运行压力值。

（5）本体或引线接头严重过热。

（6）金属膨胀器异常伸长顶起上盖。

（7）压力释放阀（防爆片）已冲破。

（8）末屏开路。

（9）二次回路开路不能立即恢复时。

（10）进行设备的油化试验或 $SF_6$ 气体试验时，主要指标超过相关规定而不能继续运行。

（11）倒立式电流互感器出现电容单元渗漏油情况。

**三、巡视规定**

巡视电流互感器时应巡视检查的项目包括：各连接引线及接头无发热、变色迹象，引线无断股、散股；外绝缘表面完整，无裂纹、放电痕迹、老化迹象，防污闪涂料完整、无脱落；金属部位无锈蚀，底座、支架、基础无倾斜、变形；无异常振动、异常声响及异味；底座接地可靠，无锈蚀、脱焊现象，整体无倾斜；二次接线盒关闭紧密，电缆进出口密封良好；接地标识、出厂铭牌、设备标识牌、相序标识齐全、清晰；油浸式电流互感器油位指示正常，各部位无渗漏油现象；吸湿器硅胶变色在规定范围内；金属膨胀器无变形，膨胀位置指示正常；$SF_6$ 电流互感器压力表指示在规定范围内，无漏气现象，密度继电器正常，防爆膜无破裂；干式电流互感器外绝缘表面无粉蚀、开裂，无放电现象，外露铁心无锈蚀；原存在的设备缺陷是否有发展趋势。

## 第三节　检　修　细　则

（1）金属膨胀器检查：膨胀器密封可靠，无渗漏油，无永久性变形；放气阀内无残存气体；油位指示或油温压力指示机构灵活、指示正确，油位与环境温度相符；波纹式膨胀器不得锈蚀卡死，保证膨胀器内压力异常增长时能顶起上盖；漆膜完好。

（2）串并联连接片检查：串并联连接片连接应可靠，避免发热，无过热痕迹；检查电流互感器储油柜的等电位连接，等电位连接片应该可靠连接，避免储油柜电位悬浮。

（3）电流互感器一次连接片检查：一次连接片无过热现象；一次连接接头无渗漏油。

（4）瓷套检查：电流互感器瓷套无裂纹、损坏，瓷裙清洁，无渗漏油；瓷套外表应修补完好，一个伞裙修补的破损面积不得超过相关规定；一次接线板、膨胀器外罩无变形，金属外壳无锈蚀；在污秽地区若爬电距离不够，可在清扫后涂覆防污闪涂料或加装硅橡胶增爬裙；检查防污涂层的憎水性，若失效应擦净重新涂覆；增爬裙失效应更换。

（5）小瓷套检查：密封可靠；无渗漏油，瓷件完好无损；小瓷套表面清洁、无脏物；导杆螺母紧固、不松动。

（6）二次接线板检查：二次导电杆处无渗漏油；接线标识牌完整，字迹清晰；二次接线板清洁，无受潮，无放电烧伤痕迹，接线柱的紧固件齐全并拧紧。

（7）放油阀的检查：无渗漏油；满足密封取油样的要求。

（8）铭牌与各端子标识牌检查：铭牌与端子标识牌应该齐全无缺；牌面干净清洁、字迹清晰。

（9）接地端子检查：接地可靠，接地线完好。

（10）现场安全措施、设备状态检查：恢复现场安全措施，与工作票所载相符；恢复到工作许可时的状态。

（11）作业组自验收：按验收规范验收；对每道工序从头至尾自验收一遍，严把质量关。

## 第四节 试验细则

### 一、一次绕组和末屏的绝缘电阻

#### （一）试验目的

测量一次绕组的绝缘情况，能有效地发现电流互感器绝缘的整体受潮、脏污、贯穿性缺陷，以及绝缘击穿和严重过热老化等缺陷。末屏对地绝缘电阻的测量，能有效检测电容型电流互感器的进水受潮缺陷。

#### （二）试验方法

将电流互感器一次绕组 P1、P2 端子短接后接至绝缘电阻表“L”端，绝缘电阻表“E”端接地。将电流互感器的二次绕组及末屏短路接地，选择 2500V 电压进行测试，读取 60s 时绝缘电阻值，并做好记录。测试完成后断开试验接线，放电并进行接地。测量末屏绝缘电阻时，先拆除末屏接地，末屏接绝缘电阻表“L”端，绝缘电阻表“E”端接地进行测量，读取 60s 时绝缘电阻值，并做好记录。测试完成后，对末屏进行短接放电并恢复接地。电流互感器一次绕组和末屏绝缘电阻试验接线如图 5-5 所示。

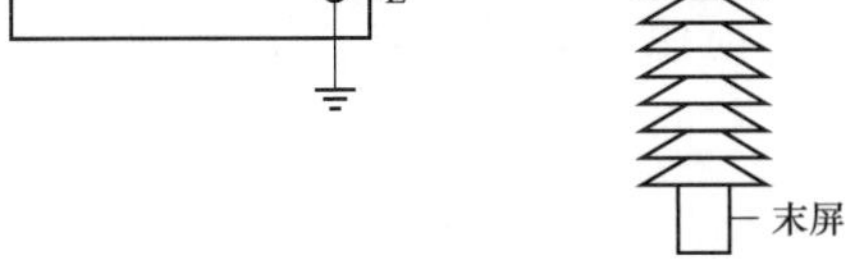


图 5-5 电流互感器一次绕组和末屏绝缘电阻试验接线示意图

（三）标准要求

（1）一次绕组：大于 3000MΩ，或与上次测量值相比无显著变化。

（2）末屏对地（电容型）：大于 1000MΩ（注意值）。

## 二、一次绕组直流电阻

（一）试验目的

检查电流互感器一次绕组有无匝间短路、断路。

（二）试验方法

将直流电阻测试仪试验线接至电流互感器一次侧两端，将电压、电流线分别插入仪器的“*U*+、*U*–”“*I*+、*I*–”两端，电压线接在一次绕组铜排内侧，电流线接在外侧。如采用直流压降法测量，则电流应不小于 100A。检查确认试验接线正确后，打开电源开关，按下“测试”键开始测量。待充电电流及测试数据稳定后记录试验。测试完成后按下“返回”键，待仪器放电完毕后断开电源。一次绕组直流电阻试验接线如图 5-6 所示。

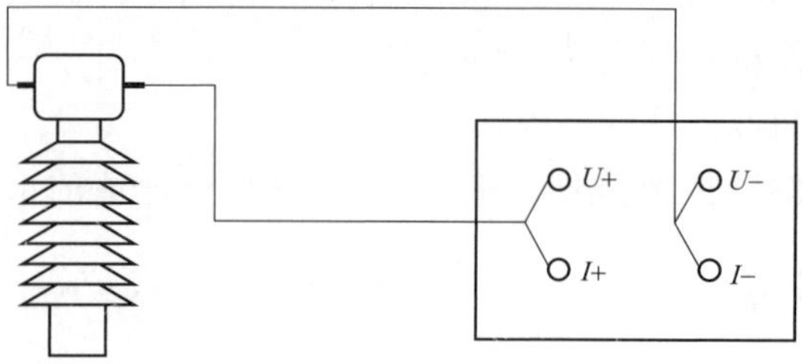

图 5-6　一次绕组直流电阻试验接线示意图

（三）注意事项

任一绕组测试完毕，应进行充分放电，将绕组直流电阻换算至同一温度下进行比较。

（四）标准要求

（1）与出厂值比较，应无明显变化。

（2）同型号、同规格、同批次的电流互感器，一、二次绕组的直流电阻和平均值的差异不宜大于 10%。

## 三、交流耐压试验

（一）试验目的

交流耐压试验是鉴定电气设备绝缘强度最有效和最直接的方法，可检查电流互感器投产前的绝缘性能是否良好，绝缘强度能否满足运行电压的要求。

（二）试验方法

将变频电源的接地线接好，再将变频电源的输出与激励变压器的输入进行连接，励磁变压器接地端接地，将电抗器串联（电抗器个数根据被试品参数计算），然后将励磁变压器输出端与其中一个电抗器尾端连接，电抗器顶端与电容分压器顶端连接，电容分压器下端将分压信号线和接地线分别连接变频电源和接地线。最后将电流互感器与电抗器顶端连接，方可接通变频电源。打开变频电源开关，点击“参数设置”进入参数设置页面，首先设置试验电压（试验电压参考被试品参数，为出厂试验值的 80%），试验时间设置 1min。参数设置完成后点击“返回”键返回，仪器会返回上一级主界面。进入主界面点击“自动试验”，可以看到设置的参数。点击“开始试验”，仪器会自动寻找谐振点自动升压，升压到试验电压时仪器会自动进入到耐压计时，当耐压时间到达后自动降压。降压结束后，记录谐振频率，对被试电流互感器充分放电，检查有无明显变化。

（三）注意事项

（1）交流耐压试验前必须保证被试电流互感器静置时间：110kV 不少于 24h，220kV 不少于 48h，500kV 不少于 72h。

（2）在各项非破坏性试验全部结束并综合分析合格后，方可进行本项目。

（3）升压必须从零（或接近于零）开始，切不可冲击合闸。

（4）耐压试验后，迅速均匀降压到零（或 1/3 试验电压以下），然后切断电源。

（5）试验电压值应为出厂试验的 80%。

（四）标准要求

（1）试验电压下的试验持续时间为 1min。

（2）试验时，电压、频率不突然发生变化，无放电声，则认为试验合格；有轻微放电声，在重复试验中消失，也认为试验合格。

（3）耐压试验前后，绕组绝缘电阻不应有明显变化。

## 四、测量介质损耗及电容量

（一）试验目的

测量电流互感器的电容量以及发现电流互感器整体受潮情况。

（二）试验方法

二次绕组与外壳短接接地，测量一次绕组对末屏的介质损耗及电容量，一次绕组短接加压，被试互感器末屏与接地拆开，接入介质损耗电桥低压信号端，试验接线采用正接法，测量主绝缘的介质损耗与电容量，试验电压为 10kV。确认试验接线正确后，打开电源开关，打开“内高压”，选择“正接法”，设置测试电压为 10kV，长按“启停”按钮开始测试。测试结束后，出现数据，关闭“内高压”，记录数据并关闭电源。测量介质损耗及电容量试验接线如图 5-7 所示。

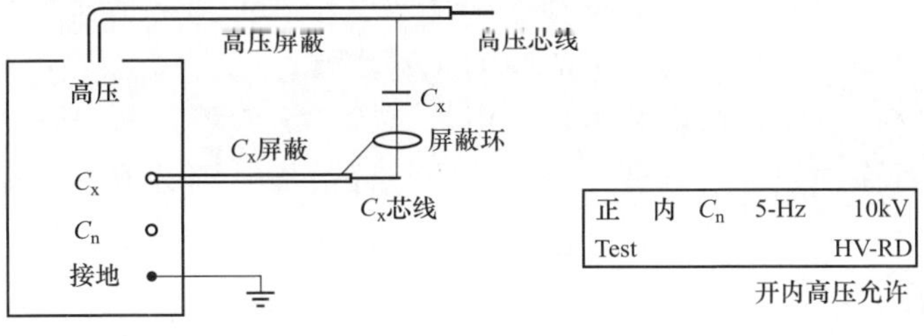


图 5-7 测量介质损耗及电容量试验接线示意图

（三）标准要求

（1）电容量初值差：不超过±5%。

（2）220kV，$\tan\delta \leqslant 0.008$；110kV，$\tan\delta \leqslant 0.01$；聚四氟乙烯缠绕绝缘，$\tan\delta \leqslant 0.005$。

（3）末屏 $\tan\delta \leqslant 0.015$（末屏绝缘电阻不满足要求时，采用 2kV 电压进行介质损耗测试）。

## 第五节　常见故障与典型案例

### 一、电流互感器常见故障

（一）互感器进水受潮

（1）主要现象：绕组绝缘电阻下降，介质损耗超标或绝缘油微水超标。

（2）原因分析：产品密封不良，使绝缘受潮，多伴有渗漏油或缺油现象，以老型号互感器为多，通过密封改造后，这种现象大为减少。

（3）处理办法：应对互感器器身进行干燥处理，如轻度受潮，可用热油循环干燥处理；严重受潮者，则需进行真空干燥。对老型号非全密封结构互感器，应进行更换或加装金属膨胀器。

（二）绝缘油油质不良

（1）主要现象：绝缘油介质损耗超标、含水量大、简化分析项目不合格，如酸值过高等。

（2）原因分析：原制造厂油品把关不严，加入了劣质油；运行维护中，补油时未做混油试验，盲目补油。

（3）处理办法：新产品返厂更换处理；如是投运多年的老产品，可根据情况采用换油或进行油净化处理。

（三）绝缘油色谱超标

（1）主要现象：设备运行中氢气或甲烷单项含量超过注意值，或者总烃含量超过注意值。

（2）原因分析：氢气单项超标，可能与金属膨胀器除氢处理或油箱涂化工艺不当有关，如果试验数据稳定，则不一定是故障反映，但当氢气含量增长较快时，应予注意；甲烷单项过高，可能是绝缘干燥不彻底或老化所致；对于总烃含量高的互感器，应认真分析烃类气体成分，对缺陷类型进行判断，并通过相关电气试验进一步确诊；当出现乙炔时应高度重视，因为它是反映放电故障的主要指标。

（3）处理办法：首先视情况补做相关电气试验，进一步判断缺陷性质；如判断为非故障原因，可进行换油或脱气处理；如确认为绝缘故障，则必须进行解体检修，或返厂处理或更换。

（四）电流互感器带电异常

（1）电流互感器过热。可能是一次端子内外接头松动，一次过负荷或二次开路。应立即停运，经相关检查、试验，查找过热原因，并进行消除，必要时进行更换、增大变比。

（2）电流互感器产生异常声响。可能是有电位悬浮、末屏开路及内部绝缘损坏，二次开路，铁心或零件松动。应立即停运，经相关检查、试验，查找原因，必要时进行更换。

### 二、电流互感器典型故障案例

（一）案例说明

110kV××变电站一110kV线路电流互感器为倒置式电流互感器，2007年9月投运。

2013 年 4 月 24 日，运行人员日常巡视对该 110kV 线路电流互感器进行了红外热成像检测。在检测过程中发现 A 相电流互感器顶部温度异常，表面最高温度为 25.4℃，负载电流为 62.8A；正常相温度为 19.6℃，负载电流为 62.8A，环境温度为 17.3℃。发现异常情况后，立即安排对该组电流互感器进行了取样试验，2013 年 4 月 26 日，对该线路电流互感器A相进行油色谱分析，检测出油中气体含量分别为氢气 13 519.43μL/L、甲烷 1451.04μL/L、乙烷 2787.94μL/L、乙烯 30.92μL/L、乙炔 30.03μL/L、总烃 4300.03μL/L，油色谱试验数据严重超标，经分析后认为是内部故障原因所致，立即安排对该组电流互感器进行了整组更换。

（二）案例分析及处理

该线路电流互感器在进行红外热成像检测时，发现 A 相电流互感器顶部有轻微发热现象，相同部位 A 相与 B、C 相存在 6℃左右温差，对该部位进行了精确测温，选择成像的角度、色度。

经过对图谱的认真分析后发现，A 相电流互感器顶部温度异常，表面最高温度为 25.4℃，负载电流为 62.8A；正常相温度为 19.6℃，负载电流为 62.8A，环境温度为 17.3℃。根据《带电设备红外诊断技术应用导则》（DL/T 664—2008）中的公式计算，相对温差 $\Delta T$ 为 71.6%，温升为 6K。通过比对分析发现，该线路 A 相电流互感器顶部有轻微发热现象，相同部位 A 相与 B、C 相存在 6℃左右温差，同时从外观上看该发热部位有少量积污情况。初步判断该电流互感器可能存在内部缺陷，导致绝缘油外溢，引起外表面积污和发热，具体情况需进一步检测分析。

发现该线路电流互感器 A 相发热后，立即组织人员对该组电流互感器进行取油样色谱分析，分析数据见表 5-1。

**表 5-1　电流互感器油色谱分析数据**　（μL/L）

| 相别 | 各组分含量 | | | | | | | |
|---|---|---|---|---|---|---|---|---|
| | $H_2$ | $CH_4$ | $C_2H_6$ | $C_2H_4$ | $C_2H_2$ | 总烃 | CO | $CO_2$ |
| A | 13 519.43 | 1451.04 | 2787.94 | 30.92 | 30.03 | 4300.03 | 32.86 | 244.97 |
| B | 11.27 | 3.26 | 0.78 | 0.17 | 0 | 4.21 | 354.38 | 204.17 |
| C | 5.84 | 3.10 | 0.76 | 0.17 | 0 | 4.03 | 344.82 | 135.46 |

依据《国家电网公司输变电设备状态检修试验规程》（Q/GDW 168—2008）和《变压器油中溶解气体色谱分析和判断导则》（GB/T 7252—2001），A 相电流互感器氢气、乙炔及总烃含量均严重超注意值。三比值编码为 110，故障类型为低能量放电，立即向上级主管部门汇报。

在该线路电流互感器停电后，立即进行了相关电气试验，发现 A 相电流互感器介质损耗因数 $\tan\delta$ 相间偏差较大，电流互感器 $\tan\delta$ 及电容量试验数据见表 5-2。

A 相电流互感器正接线和反接线介质损耗因数虽未超出相关规程规定值，但对比 B、C 相明显偏大。查阅历年试验报告，电流互感器 2007 年 $\tan\delta$ 值及电容量试验数据见表 5-3。

表 5-2　　电流互感器 tan$\delta$ 及电容量试验数据

| 相别 | 正接线 | | 反接线 | |
|---|---|---|---|---|
| | tan$\delta$ | 电容量（pF） | tan$\delta$ | 电容量（pF） |
| A | 0.007 18 | 148.8 | 0.003 29 | 1525 |
| B | 0.002 15 | 148.5 | 0.001 64 | 1575 |
| C | 0.002 20 | 149.2 | 0.001 69 | 1641 |
| 试验条件 | 试验日期：2013 年 4 月 26 日，天气：晴，温度：28℃，湿度：37% | | | |

表 5-3　　电流互感器 2007 年 tan$\delta$ 值及电容量试验数据

| 相别 | 正接 | | 反接 | |
|---|---|---|---|---|
| | tan$\delta$ | 电容量（pF） | tan$\delta$ | 电容量（pF） |
| A | 0.001 57 | 147.57 | 0.001 21 | 1585 |
| B | 0.001 70 | 148.10 | 0.001 20 | 1509 |
| C | 0.001 62 | 148.64 | 0.001 24 | 1578 |
| 试验条件 | 试验日期：2007 年 9 月 17 日，天气：晴，温度：27℃，湿度：53% | | | |

依据《国家电网公司输变电设备状态检修试验规程》（Q/GDW 168—2008），A 相电流互感器介质损耗因数虽未超出注意值，但与历史试验报告比较，增长明显，B、C 相正常。经纵横对比分析，A 相偏差正接法达+249.03%，反接法达+99.23%，均存在显著差异。综合分析判断，该电流互感器因制造工艺不良，投入运行后，内部长期存在低能量放电现象，需立即进行更换处理。

（三）案例总结

红外热成像检测技术能有效发现设备过热缺陷。除了正常的缺陷标准定性外，运行人员红外测温时能通过设备三相间的对比发现温度差异，再利用其他检测手段综合检测分析判断，能有效发现设备缺陷，避免缺陷发展为故障。本案例是典型的电压致热性缺陷，对于此类缺陷，由于温度变化不是很明显，不易被发觉，需特别注重相间温度的比对。

油色谱分析对充油设备内部的过热性故障、放电性故障反应灵敏，能准确、可靠地发现充油电气设备内部的各类潜伏性缺陷，是一种成熟、有效的技术监督手段。结合油色谱分析结果和其他带电检测手段以及停电电气试验方法进行综合分析，对于准确判断故障类型和故障部位，确定处理方案都有十分重要的意义。

## 第六节　理论知识试题

### 一、电流互感器的作用是什么？

电流互感器的作用是把大电流按一定比例变为小电流，提供给各种测量、继电保护及自动装置用（或综合自动化系统），并将二次系统与高电压隔离。电流互感器的二次侧电流为 1A 或 5A，这不仅保证了人身和设备的安全，也使仪表和继电器的制造简单化、标准化，降低了成本，提高了经济效益。

**二、高压电容型电流互感器受潮的特征是什么？常用什么方法干燥？**

高压电容型电流互感器现场常见的受潮状况有以下三种情况。

（1）轻度受潮：进潮量较少，时间不长，又称初期受潮。其特征为：主屏的 $\tan\delta$ 无明显变化；末屏绝缘电阻降低，$\tan\delta$ 增大；油中含水量增加。

（2）严重进水受潮：进水量较大，时间不太长。其特征为：底部往往能放出水分；油耐压降低；末屏绝缘电阻降低，$\tan\delta$ 较大；若水分向下渗透过程中影响到端屏，主屏 $\tan\delta$ 将有较大增量，否则不一定有明显变化。

（3）深度受潮：进潮量不一定很大，但受潮时间较长。其特征为：由于长期渗透，潮气进入电容芯部，使主屏 $\tan\delta$ 增大；末屏绝缘电阻较低，$\tan\delta$ 较大；油中含水量增加。

当确定互感器受潮后，可用真空热油循环法进行干燥，目前认为这是最适宜的处理方法。

**三、如发现电流互感器高压侧触头过热，应怎样处理？**

（1）若触头发热是由于表面氧化层使接触电阻增大，则应把电流互感器触头处理干净，抹上导电膏。

（2）触头接触不良，应旋紧接头固定螺钉，使其接触处有足够压力。

**四、电流互感器二次侧开路为什么会产生高电压？**

电流互感器是一种仪用变压器。从结构上看，它与变压器一样，有一、二次绕组，有专门的磁通路；从原理上讲，它完全依据电磁转换原理，一、二次电动势遵循与匝数成正比的数量关系。

一般地说电流互感器是将处于高电位的大电流变成低电位的小电流，也就是说，二次绕组的匝数比一次要多几倍甚至几千倍。如果二次开路，一次侧仍然被强制通过系统电流，二次侧就会感应出几倍甚至几千倍于一次绕组两端的电压，这个电压可能高达几千伏以上，进而对工作人员和设备绝缘造成伤害。

**五、电流互感器二次开路后有什么现象及危害？为什么？**

电流互感器二次开路后有两种现象：①二次绕组产生很高的电动势，威胁人身设备安全；②造成铁心强烈过热，烧损电流互感器。因为电流互感器二次回路闭合时，一次绕组磁势 $N$ 大部分被二次绕组磁势所补偿，故二次绕组电压很小。如果二次回路开路，则一次电流全部用来励磁，使二次绕组产生数千伏电动势，会造成人身触电事故和仪表保护装置、电流互感器二次绕组的绝缘损坏。另外，一次绕组磁势使铁心磁通密度增大，造成铁心过热，最终烧坏互感器，所以不允许电流互感器二次开路。

**六、电流、电压互感器二次回路中为什么必须有一点接地？**

电流、电压互感器二次回路一点接地属于保护性接地，可防止一、二次绝缘损坏、击穿以致高电压窜到二次侧，造成人身触电及设备损坏。如果有两点接地会弄错极性、相位，造成电压互感器二次绕组短路而烧损，影响保护仪表动作；对电流互感器会造成二次线多处短接，使二次电流不能通过保护仪表元件，造成保护拒动、仪表误指示，威胁电力系统安全供电。所以电流、电压互感器二次回路中只能有一点接地。

**七、电流互感器哪些部位应妥善接地？**

（1）互感器外壳。

（2）电容型绝缘的电流互感器的一次绕组包绕的末屏引出端子及铁心引出接地端子。

（3）暂不使用的二次绕组。

**八、电流互感器与普通变压器比较有何特点？**

（1）电流互感器二次回路所串的负荷是电流表、继电器等器件的电流绕组，阻抗很小，因此，电流互感器的正常运行情况相当于变压器二次短路的状态。

（2）变压器的一次电流随二次电流的增减而增减，可以说是二次起主导作用；而电流互感器的一次电流由主电路负荷决定，而不是由二次电流决定，故是一次起主导作用。

（3）变压器的一次电压决定了铁心中的主磁通和二次电动势，因此，一次电压不变，二次电动势也基本不变。而电流互感器则不然，当二次回路的阻抗变化时，也会影响二次电动势，这是因为电流互感器的二次回路是闭合的，在某一定值的一次电流作用下，感应二次电流的大小取决于二次回路中的阻抗（可想象为一个磁场中短路匝的情况）。当二次阻抗大时，二次电流小，用于平衡二次电流的一次电流就小，用于励磁的电流就多，则二次电动势就高；反之，当二次阻抗小时，感应的二次电流大，用于平衡二次电流的一次电流就大，用于励磁的电流就小，则二次电动势就低。所以，这几个量是互成因果关系的。

（4）电流互感器之所以能用来测量电流（即二次侧即使串上几个电流表，其电流值也不减少），是因为它是一个恒流源，且电流表的电流绕组阻抗小，串进回路对回路电流影响不大。它不像变压器，二次侧一加负荷，对各个电量的影响都很大。但这一点只适应用于电流互感器在额定负载范围内运行，一旦负荷增大超过允许值，也会影响二次电流，会使误差增加到超过允许的程度。

**九、电流互感器二次接线有几种方式？**

电流互感器的使用一般有以下五种接线方式：使用两个电流互感器时有 V 形接线和两相电流差接线；使用三个电流互感器时有星形接线、三角形接线和零序接线。

**十、什么是电流互感器的稳定？**

电流互感器的铭牌上标有热稳定电流和动稳定电流。所谓稳定是指当电力系统发生短路时，电流互感器所能承受的因短路引起的电动力及热力作用而不致受到损坏的能力。电流互感器的稳定用电动力稳定倍数和热稳定倍数表示：电动力稳定倍数是电力互感器所能承受的最大电流瞬间值与该互感器额定电流之比；热稳定倍数为热稳定电流与互感器额定电流之比。热稳定电流表示在 1s 之内不致使电流互感器的发热超过允许限度的电流，例如，电流互感器电压为 10kV、电流比为 200/5 时，电动力稳定倍数为 165，1s 热稳定倍数为 15。

**十一、电流互感器允许在什么方式下运行？**

电流互感器在运行中不得超过额定容量长期运行，如果过负荷运行，会使误差增大，表计指示不正确；会使铁心饱和，造成互感器误差增大，另外磁通密度增大后，会使铁心和二次绕组过热，绝缘老化加快，甚至造成损坏等。

电流互感器在运行时，它的二次侧电路应始终是闭合的。当要从运行的互感器上拆除电流表等仪表时，应先将二次绕组短路，然后方能把电流表等仪表的接线拆开，以防电流互感器二次开路运行。

在运行时，二次绕组的一边应该和铁心同时接地运行，以防一、二次绕组间因绝缘损坏而击穿时，二次绕组窜入高电压，危及仪表、继电器及人身安全。

**十二、零序电流互感器的原理是什么？**

零序电流互感器是一种零序电流过滤器，它的二次侧反映一次系统的零序电流。这种电流互感器将三相的导体（母线或电缆）用一个铁心包围住，二次绕组绕在同一个封闭的铁心上。

正常情况下，由于一次侧三相电流对称，其相量和为零，铁心中不会产生磁通，二次绕组中没有电流。当系统中发生单相接地故障时，三相电流之和不为零（等于3倍的零序电流），因此在铁心中出现零序磁通，该磁通在二次绕组感应出电动势，二次电流流过继电器，使之动作。

实际上由于三相导线排列不对称，它们与二次绕组间的互感彼此不相等，零序电流互感器的二次绕组中会有不平衡电流流过。

零序电流互感器一般有母线型和电缆型两种。

第六章

# 电 压 互 感 器

## 第一节 总 体 介 绍

### 一、工作原理及分类

（一）工作原理

电压互感器（TV）是一种用作变换电压的特种变压器，其一次侧并联接在电力系统的线路上，把一次高电压变换成较低的标准二次电压（100V 或 100/$\sqrt{3}$ V）。在正常情况下，其二次电压实际上与一次电压成正比，其间的相位差接近于零。电压互感器的原理如图 6-1 所示。

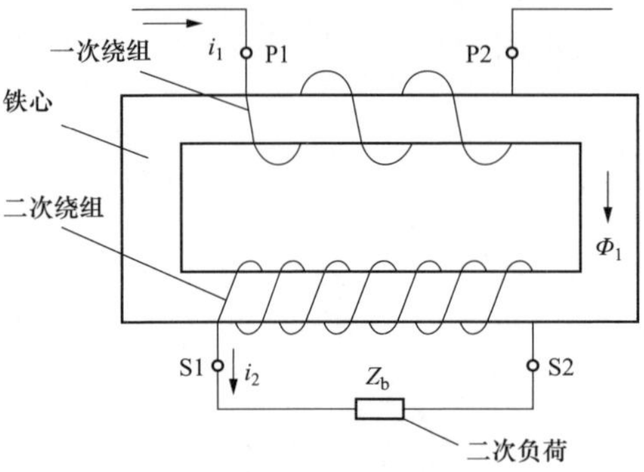


图 6-1 电压互感器原理图

（二）分类

（1）按用途分，可分为测量用电压互感器和保护用电压互感器。

（2）按变换原理分，可分为电磁式电压互感器（IVT）和电容式电压互感器（CVT）。

（3）按相数分，可分为单相电压互感器和三相电压互感器。

（4）按绝缘方式分，可分为干式、环氧浇注式、油浸式电压互感器和气体绝缘式电压互感器。

### 二、结构解析

电压互感器的整体结构如图 6-2 和图 6-3 所示，瓷套内部结构如图 6-4 所示。

### 三、铭牌解读

电压互感器的型号一般表示为□□□□-□，其铭牌的标志与含义见表 6-1。

**表 6-1** 电压互感器铭牌的标志与含义

| 位置 | 标志 | 含义 | 位置 | 标志 | 含义 | 位置 | 标志 | 含义 |
|---|---|---|---|---|---|---|---|---|
| 第一个方框 | J | 电压互感器 | 第三个方框 | J | 油浸式 | 第四个方框 | F | 胶封型 |
| | HJ | 仪用电压互感器 | | G | 干式 | | J | 接地保护 |
| 第二个方框 | D | 单相 | | C | 瓷箱式 | | W | 五柱三绕组 |
| | S | 三相 | | Z | 浇注绝 | | B | 三柱带补偿绕组 |
| | C | 串级结构 | | R | 电容分压式 | | | |

## 四、极性

电压互感器有一定的极性，按照规定，电压互感器的一次绕组的首端标为 A，尾端标为 X，二次绕组的首端标为 a，尾端标为 x，A 与 a 以及 X 与 x 均称为同名端。电压互感器的极性如图 6-5 所示。

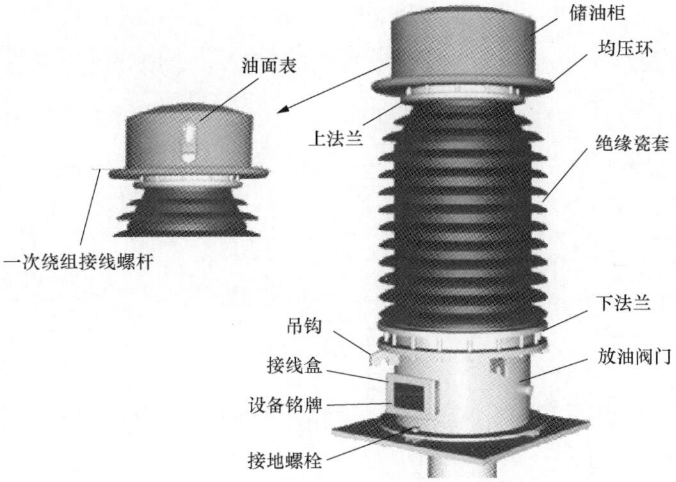


图 6-2　电压互感器整体结构示意图

图 6-3　电压互感器整体结构实物图

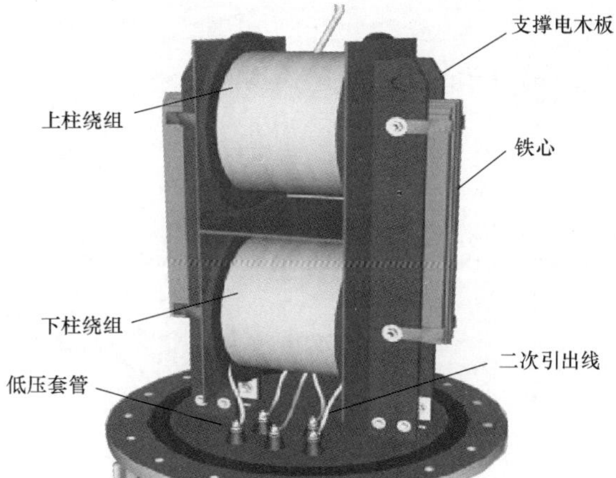


图 6-4　电压互感器瓷套内部结构示意图

注意：电压互感器的极性错误，能引起继电保护装置的错误动作或者影响电能计量的正确性，因此，电压互感器的极性必须检查正确。

## 五、接线方式

### （一）Vv 接线

电压互感器 Vv 接线如图 6-6 所示。

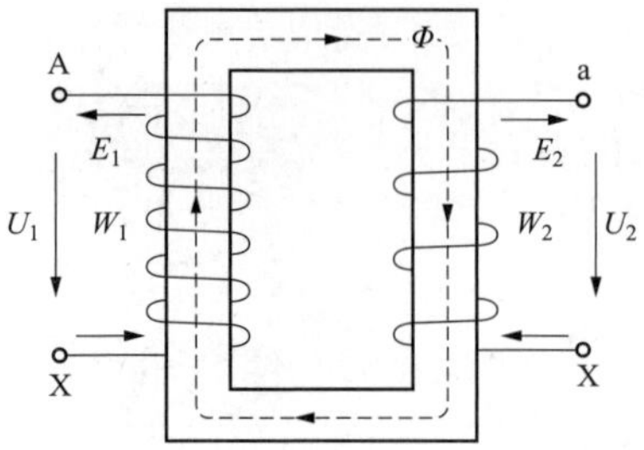


图 6-5　电压互感器极性示意图

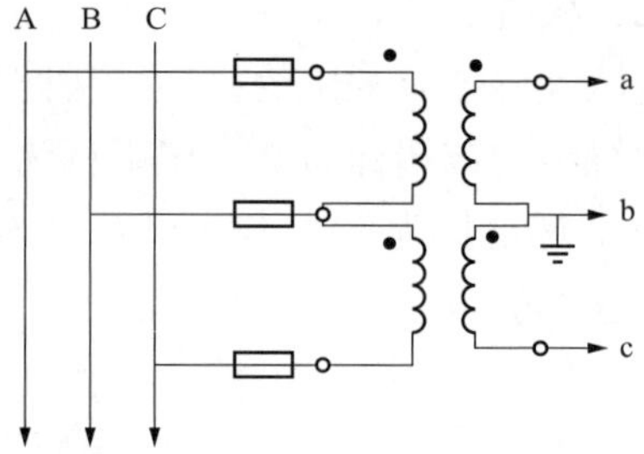


图 6-6　电压互感器 Vv 接线示意图

（二）YNyn 接线

电压互感器 YNyn 接线如图 6-7 所示。

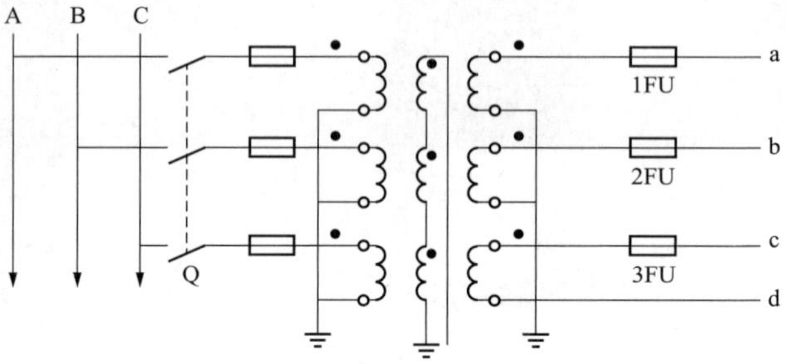


图 6-7　电压互感器 YNyn 接线示意图

（三）Yyn 接线

电压互感器 Yyn 接线如图 6-8 所示。

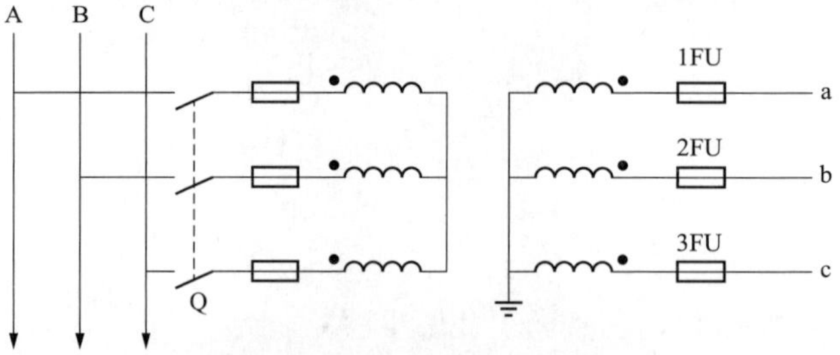


图 6-8　电压互感器 Yyn 接线示意图

## 第二节　运　维　细　则

### 一、一般规定

（1）新投入或大修后（含二次回路更动）的电压互感器必须核相。

（2）电压互感器二次侧严禁短路。

（3）电压互感器的各个二次绕组（包括备用）均必须有可靠的保护接地，且只允许有一个接地点。接地点的布置应满足有关二次回路设计的规定。

（4）中性点非有效接地系统中，作为单相接地监视用的电压互感器，其一次中性点应接地。为防止谐振过电压，应在一次中性点或二次回路装设消谐装置。

（5）电压互感器（含电磁式电压互感器和电容式电压互感器）允许在 1.2 倍额定电压下连续运行。中性点有效接地系统中的互感器，允许在 1.5 倍额定电压下运行 30s。中性点非有效接地系统中的电压互感器，在系统无自动切除对地故障保护时，允许在 1.9 倍额定电压下运行 8h；在系统有自动切除对地故障保护时，允许在 1.9 倍额定电压下运行 30s。

**二、紧急申请停运规定**

发生下列情况时，应紧急申请停运，停运前应远离设备：

（1）当发现 35kV 及以下电压等级电磁式电压互感器发生高压熔断器两相及以上同时熔断或单相连续熔断两次。

（2）外绝缘出现严重裂纹、破损、沿面放电、局部变色、变形，已威胁安全运行。

（3）内部有严重异音、异味、冒烟或着火。

（4）油浸式电压互感器严重漏油，看不到油位。

（5）气体绝缘电压互感器严重漏气导致压力低于报警值。

（6）电压互感器本体或引线端子严重过热。

（7）压力释放阀（防爆片）已冲破。

（8）电压互感器接地端子 N（X）开路、二次短路，不能消除。

## 第三节 检 修 细 则

（1）拆除电流互感器一次接线：引线头接触面应平整。

（2）瓷套检查：电压互感器瓷套无裂纹、损坏，瓷裙清洁，无渗漏油；一次搭头接线板、金属外壳无锈蚀。小瓷套检查：小瓷套表面清洁、无脏污，瓷件完好无损、密封可靠，无渗漏油；导杆螺母紧固、无松动。

（3）二次接线板检查：二次导电杆处无渗漏油；接线标识牌完整，字迹清晰；二次接线板清洁，无受潮，无放电烧伤痕迹，接线柱的紧固件齐全并拧紧。

（4）放油阀检查：无渗漏油，满足密封取油样的要求。

（5）铭牌与各端子标识牌检查：铭牌与端子标识牌应该齐全无缺；牌面干净清洁、字迹清晰。

（6）接地端子检查：接地可靠，接地线完好。

（7）连接搭头检查：引线头接触面应擦拭清洁、涂导电膏；螺栓连接头紧固，无锈蚀。

（8）金属件外观维护：无锈蚀，补漆；相位清晰。

（9）扫尾工作及自验收：清理现场，确认现场无遗留物件，检修设备状态恢复至工作许可状态。

# 第四节　试　验　细　则

## 一、电容单元 tan$\delta$ 及电容量

### （一）试验目的

测量电压互感器的电容量以及判断电压互感器整体受潮情况。

### （二）试验方法

对于可以拆开的电容单元与电磁单元，电容单元各元件的电容量及 tan$\delta$ 应分别测试，建议尽量采用正接法测试，试验施加电压为交流 10kV。中间变压器高压端额定电压大于 20kV，应测量中间变压器的电容量及介质损耗，施加的电压由被试中间电压互感器的引出套管的绝缘强度以及容量来决定，一般不超过交流 3kV。对于电容单元与电磁单元无法拆开的，即一体式的电容式电压互感器，可采用在中间变压器二次加压使其励磁，采用自激法接线，分别测量电容单元各元件的电容量及 tan$\delta$。在电压互感器 X 端接仪器高压端，拆除电容分压低压端接地接仪器信号端 $C_x$。打开电源开关，打开“内高压”，选择正接法，试验接线如图 6-9 所示，设置测试电压为 10kV，长按“启停”按钮开始测试。测试结束后，出现数据，关闭内高压，记录数据并关闭电源。

对于电容式电压互感器两个电容元件无法单独试验的采用 CVT 自激法，其接线如图 6-10 所示。该方法是在正接法的基础上在电压互感器二次绕组上施加一个低压。试验完成，记录试验数据后关闭电源，断开试验电源，对设备进行充分放电。

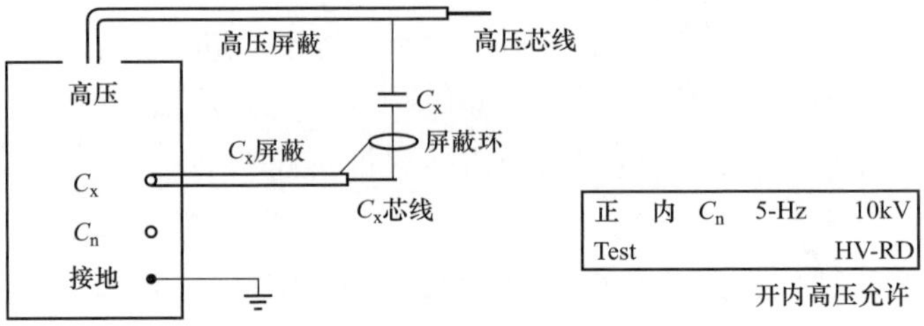


图 6-9　正接法试验接线示意图

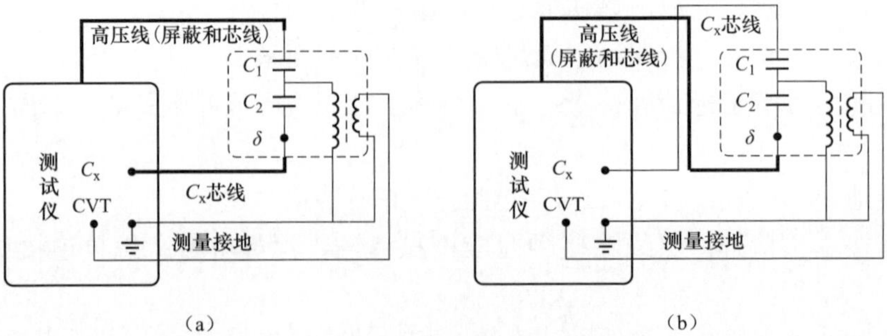


图 6-10　CVT 自激法试验接线示意图

（a）测量 $C_2$；（b）测量 $C_1$

（三）注意事项

（1）测试中施加的电压在施加前需征得现场试验工作负责人的同意。

（2）建议将 tan$\delta$ 换算至同一温度下进行比较。

（四）标准要求

（1）测得的 tan$\delta$ 值：油纸绝缘 tan$\delta \leqslant 0.005$，膜纸复合绝缘 tan$\delta \leqslant 0.002$（交接试验）；油纸绝缘 tan$\delta \leqslant 0.005$，膜纸复合绝缘 tan$\delta \leqslant 0.0025$（状态检修）。

（2）电容量与出厂值比较，其变化应在−5%～+10%范围内（交接试验）；分压电容器的电容量初值差不超过±2%（状态检修）。

（3）与出厂值（初值）相比，中间变压器的 tan$\delta$ 不应有显著变化。

## 二、绕组绝缘电阻

（一）试验目的

测试互感器的绝缘电阻能有效地发现其绝缘整体受潮、脏污、贯穿性缺陷，以及绝缘击穿和严重过热老化等缺陷。

（二）试验方法

将电压互感器一次绕组末端即“X”端与地解开，绝缘电阻表“L”端接电压互感器一次绕组首端，“E”端接地，二次绕组短接接地。接线及绝缘电阻表检查无误后开始测试，读取 60s 绝缘电阻值并做好记录，切断试验电源，对电压互感器一次绕组进行充分放电。

（三）注意事项

测试完毕应首先断开测量引线，防止设备对仪器放电，然后对测试部分进行充分放电。

（四）标准要求

（1）不低于 1000MΩ（交接试验）。

（2）初值差不超过−50%；二次绕组绝缘电阻不低于 10MΩ（状态检修）。

# 第五节 常见故障与典型案例

## 一、电压互感器常见故障

（一）电磁式电压互感器常见故障及处理

1. 谐振故障

（1）故障现象：中性点非有效接地系统中，三相电压指示不平衡，一相降低（可为零）而另两相升高（可达线电压），或指针摆动，可能是单相接地故障或基频谐振；如三相电压同时升高，并超过线电压（指针可摆到头），则可能是分频谐振或高频谐振。中性点有效接地系统，当母线倒闸操作时，若出现相电压升高并以低频振动，一般为串联谐振现象。

（2）故障处理：操作前应有防谐振预案，准备好消除谐振措施；操作过程中，如发生电压互感器谐振，应采取措施破坏谐振条件以消除谐振；在系统运行方式和倒闸操作中，应避免用带断口电容的断路器投切带有电磁式电压互感器的空母线，运行方式不能满足要求时，应采取其他措施，例如更换为电容式电压互感器（对电容式电压互感器应注意可能出现自身铁磁谐振）；安装验收时，对速饱和阻尼方式要严格把关；运行中应注意对电磁单元进行认真检查，如发现阻尼器未投入或出现异常，互感器不得投入运行。

2. 二次电压降低

（1）故障现象：二次电压明显降低，可能是下节绝缘支架放电、击穿或下节一次绕组匝间短路。

（2）故障处理：这种互感器的严重故障，从发现到互感器爆炸时间很短，应尽快汇报调度，采取停电措施，在此期间不得靠近异常互感器。

（二）电容式电压互感器二次电压异常的主要原因

（1）二次电压波动：二次连接松动，分压器低压端子未接地或未接载波线圈，电容单元被间断击穿，或由铁磁谐振引起。

（2）二次电压低：二次接触不良，电磁单元故障或电容单元 $C_2$ 损坏。

（3）二次电压高：电容单元 $C_1$ 损坏，分压电容接地端未接地。

（4）开口三角电压异常升高：某相互感器电容单元故障。

（5）二次无电压输出：一次接线端子绝缘不良或直接碰及油箱。

## 二、电压互感器典型故障案例

（一）案例说明

8月25日，在线监测发现110kV××变电站110kVⅠ段B相电压互感器的泄漏电流值高出A、C两相泄漏电流值近10倍，停电试验证实了该电压互感器的确存在问题，及时迅速进行了设备更换，将事故隐患消除在萌芽状态。

（二）案例分析及处理

通过对电压互感器在线监测采样数据的分析判断，发现110kVⅠ段B相电压互感器的泄漏电流较小，但是B相电压互感器泄漏电流的有功分量却较大，并且有功分量的波动较大，怀疑是该电压互感器B相绝缘可能存在问题。电压互感器在线监测泄漏电流见表6-2。

**表6-2　　电压互感器在线监测泄漏电流　　（mA）**

| 相别 | 泄漏电流 | 泄漏电流有功分量 |
| --- | --- | --- |
| A | 8.23 | 0.08 |
| B | 5.78 | 0.42 |
| C | 8.06 | 0.13 |

随后，对该电压互感器进行停电介质损耗试验，试验数据见表6-3。

**表6-3　　电压互感器停电介质损耗试验数据**

| 相别 | 电容量（μF） | 介质损耗 |
| --- | --- | --- |
| A | 1.05 | 0.0133 |
| B | 1.09 | 0.1198 |
| C | 1.12 | 0.0121 |

从以上停电介质损耗试验数据看出，B 相电压互感器的介质损耗数据严重超标，确认其绝缘存在问题。经解体检查，发现了该电压互感器的绝缘板受潮、内部接线头松动等缺陷。由于在线监测系统及时提示停电试验和检修，避免了一次事故的发生。

（三）案例总结

通过对电压互感器安装全绝缘在线监测，实现对电压互感器的泄漏电流进行在线监测，可对每台电压互感器泄漏电流及其有功分量进行处理、存储及越限值报警，并实现了数据远传。在线监测系统运行稳定可靠，能够及时有效地反映设备绝缘缺陷，显著提高了绝缘监测的效果。

## 第六节 理论知识试题

**一、什么是电压互感器？它的作用是什么？**

一次设备的高电压，不容易直接测量。将一次侧交流电压转换成可供控制、测量、保护等使用的二次侧标准电压的变压设备称为电压互感器，用 TV 表示。

电压互感器实际上就是一种降压变压器，它的两个绕组在一个闭合的铁心上，一次绕组匝数很多，二次绕组匝数很少。一次侧并联地接在电力系统中，一次绕组的额定电压与所接系统的母线额定电压相同。二次侧并联接仪表、保护及自动装置的电压绕组等负载，由于这些负载的阻抗很大，通过的电流很小，因此，电压互感器的工作状态相当于变压器的空载情况。

电压互感器的一次绕组的额定电压与所接系统的母线额定电压相同，二次有两个、三个或四个绕组，供保护、测量及自动装置用。基本二次绕组的额定电压采用 100V，为了和一相电压设计的一次绕组配合，也有采用$100/\sqrt{3}\text{ V}$ 的。如互感器用在中性点直接接地系统，辅助二次绕组的额定电压为 100V；如用在中性点不接地系统中，则为 100/3V，因此选择绕组匝数的目的就是在系统发生单相接地时，开口三角端出现 100V 电压。

**二、电压互感器与普通变压器相比有何特点？**

电压互感器实质上也是一种变压器。电压互感器和普通变压器在原理上的主要区别是，电压互感器一次侧作用于一个恒压源，它不受互感器二次负荷的影响，不像变压器通过大负荷时会影响电压，这和电压互感器吸取功率很微小有关。此外，由于电压互感器二次侧的负载阻抗很大，使互感器总是处于类似变压器的空载状态，二次电压基本上等于二次电动势值，且取决于恒定的一次电压值；因此，电压互感器用来辅助测量电压，而不会因二次侧接上几个电压表就使电压降低。但这个结论只适用于一定范围，即在准确度所允许的负载范围内。如果电压互感器的二次负荷增大超过该范围，实际上也会影响二次电压，其结果是误差增大，测量失去意义。

它的结构和工作原理与变压器相同，它的两个绕组是绕在一个闭合的铁心上，一次绕组匝数较多，并联在被测的线路中，二次绕组匝数较少，接在高阻抗的测量仪表或继电器上。它可以做成单相的，也可以做成三相的。

**三、电压互感器二次短路有什么现象及危害？**

电压互感器二次短路，会使二次绕组产生很大短路电流，烧损电压互感器绕组，以致会引起一、二次击穿，使有关保护误动作，仪表无指示。因为电压互感器本身阻抗很小，一次侧是恒压电源，如果二次短路后，在恒压电源作用下二次绕组中会产生很大短路电流，烧损互感器，使绝缘损害，二次击穿。失掉电压互感器会使有关距离保护和与电压有关的保护误动作，仪表无指示，影响系统安全，所以电压互感器二次不能短路。

**四、电压互感器在一次接线时应注意什么？**

（1）要求接线正确、连接可靠。

（2）电气距离符合要求。

（3）装好后的母线不应使互感器的接线端承受机械力。

**五、互感器哪些部位应妥善接地？**

（1）互感器外壳。

（2）分级绝缘的电压互感器的一次绕组的接地引出端子。

（3）暂不使用的二次绕组。

**六、为什么 110kV 及以上电压互感器一次侧不装熔断器？**

110kV 及以上电压互感器采用单相串级绝缘，裕度大。110kV 引线系硬连接，相间距离较大，引起相间故障的可能性较小。110kV 以上系统为中性点直接接地系统，每相电压互感器不可能长期承受线电压运行。另外，满足系统短路容量的高压熔断器制造上还有困难，因此 110kV 以上的电压互感器一次侧不装设熔断器。

**七、电压互感器允许什么样的运行方式？**

电压互感器在额定容量下可长期运行，但在任何情况下，都不允许超过最大容量运行。电压互感器由于二次绕组的负载是高阻抗仪表，电流很小，接近于磁化电流，一、二次绕组中的漏抗压降也很小，所以它在运行时接近于空载情况。因此，二次绕组绝不能短路，否则会出现很大的短路电流，使绕组严重发热甚至烧毁。

**八、电容式电压互感器与常规的电磁式电压互感器相比有哪些特点？**

（1）在运行维护及可靠性方面，电容式电压互感器结构简单，使用维护方便，又由于其绝缘耐压强度高，故使用可靠性高。特别是电磁式电压互感器在运行中，由于其非线性电感和断路器端口电容之间容易发生铁磁谐振，常常造成互感器损坏甚至爆炸，成为长期以来危及系统安全运行的隐患。而采用电容式电压互感器，使这一问题从根本上得以解决。

（2）从经济方面看，电磁式电压互感器由于体积随着电压等级的升高而成倍增大，成本大幅度上升。电容式电压互感器不仅体积小，而且其电容分压器能兼作高频载波用的耦合电容器，有效地节省了设备投资和占地面积。电压越高，经济效果越显著。

（3）从各项技术性能看，电容式电压互感器完全达到了电磁式电压互感器的性能水平。早期的电容式电压互感器存在二次输出容量较小、瞬变响应速度较慢的缺点，经过近几年的技术攻关，目前已能制造出高电压、大容量、高精度的电容式电压互感器，其瞬变响应速度也达到5%以下。

**九、电容式电压互感器由哪几部分组成？各部分的作用是什么？**

（1）电容分压，$C_1$和$C_2$。将线路高压分压到20kV以下的中压，承受线路上的高电压。

（2）中间变压器。将分压器的中压变换为二次设备适用的低压（$100/\sqrt{3}$ V或100V）。

（3）补偿电抗器。

（4）铁磁谐振阻尼装置。

**十、电压互感器正常运行时应注意的事项有哪些？**

（1）电压互感器二次侧禁止短路和接地，禁止用隔离开关拉合异常电压互感器。

（2）电压互感器允许在最高工作电压（比额定电压高10%）下连续运行。

（3）绝缘电阻的测量：6kV及以上电压互感器一次侧用1000～2500V绝缘电阻表测量，其值不低于50MΩ；二次侧用1000V绝缘电阻表测量，其值不低于1MΩ。

（4）电压互感器停电时，应注意对继电保护、自动装置的影响，防止误动、拒动。

（5）两组电压互感器二次并列操作时，必须在一次并列情况下进行。

（6）新投入或大修后的可能变动的电压互感器必须核相。

（7）电压互感器的操作应按以下顺序进行：停电操作时，先断开二次回路（断二次小开关或取下熔断器），再拉开一次侧隔离开关；送电操作时，先合上一次侧隔离开关，再合二次回路（合二次小开关或装上熔断器）。

**十一、10kV电压互感器高压熔断器熔断可能是什么原因？**

（1）当系统在某种运行方式、某种条件下，可能产生铁磁共振，这时会产生过电压，有可能使电压互感器的励磁电流增加十几倍，这会引起高压侧熔断器熔断。

（2）系统发生单相间谐电弧接地时，会出现过电压，可达正常相电压的3～3.5倍，可能使电压互感器的铁心饱和，励磁电流急剧增加，引起高压侧熔断器熔断。

（3）电压互感器本身内部有单相接地或相间短路故障。

（4）二次侧发生短路而二次侧熔断器未熔断时，也可能造成一次侧熔断器熔断。

**十二、电压互感器在送电前应做好哪些准备？**

（1）应测量其绝缘电阻，二次侧绝缘电阻不得低于1MΩ，一次侧绝缘电阻不低于1MΩ/kV。

（2）完成定相工作（即要确定相位的正确性）。如果一次侧相位正确而二次侧接错，则会引起非同期并列。此外，在倒母线时，还会使两台电压互感器短路并列，产生很大的环流，造成二次侧熔断器熔断（或小开关跳开），引起保护装置电源中断，严重时会烧坏电压互感器二次绕组。

（3）电压互感器送电前的检查：

1）绝缘子应清洁、完整，无损坏及裂纹。

2）油位应正常，油色透明不发黑，无渗漏油现象。

3）二次电路的电缆及导线应完好，且无短路现象。

4）外壳应清洁，无渗漏油现象，二次绕组接地牢固。

准备工作结束后，可进行送电操作。投入一、二次侧熔断器（或小开关），合上其出口隔离开关，使电压互感器投入运行，检查确认二次电压正常，然后投入电压互感器所带的继电保护及自动装置。

第七章

# 避　雷　器

## 第一节　总 体 介 绍

### 一、分类及工作原理

（一）分类

避雷器是用来保护相应电压等级的交流电气设备免受雷电大气过电压和操作过电压损害的保护电器。避雷器主要由电阻片、复合绝缘外套及金属附件构成。因电阻片具有优异的非线性安特性，当系统出现过电压时，电阻片呈现低阻值，迅速泄放冲击电流入地，避雷器残压被限制在允许值范围内，保证了系统的安全。在正常运行电压下，电阻片呈现高阻值，通过电流仅为几十微安，从而不会影响系统的正常运行。避雷器按工作原理可以分为管式避雷器、阀型避雷器和氧化锌避雷器。避雷器按工作场所分可以分为电站型（Z）、配电型（S）、电容器保护型（R）、电机型（D）和线路型（X）。

（二）工作原理

1. 管式避雷器工作原理

管式避雷器的内间隙（又称灭弧间隙）置于产气材料制成的灭弧管内，外间隙将管子与电网隔开，雷电过电压使内外间隙放电，内间隙电弧高温使产气材料产生气体，管内气压迅速增加，高压气体从喷口喷出灭弧。管式避雷器具有较大的冲击通流能力，可用在雷电流幅值很大的地方；但放电电压较高且分散性大，动作产生载波，保护性能较差。

2. 阀型避雷器工作原理

阀型避雷器主要由碳化硅（SiC）和金属氧化物组成。

（1）碳化硅：工作元件是叠装密封在瓷套内的火花间隙和碳化硅阀片。（电压高的多节瓷套）火花间隙的主要作用是平时将阀片与带电导体隔离，在过电压时放电和切断电源供给的续流。火花间隙由许多间隙串联组成，放电分散性小，伏秒特性平坦，灭弧性能好。碳化硅阀片是以电工碳化硅为主与结合剂混合后经压形、烧结而成的非线性电阻体，呈圆饼状。碳化硅阀片的主要作用是吸收电压能量，利用其电阻的非线性，限制放电电流通过自身的压降（称残压）和限制续流幅值，与火花间隙协同作用熄灭续流电弧。

（2）金属氧化物：基本工作元件是密封在瓷套内的氧化锌阀片，它是以氧化锌（ZnO）

为主体，添加其他少量金属氧化物，如三氧化二铋、三氧化二钴、二氧化锰、三氧化二锑等制成非线性电阻体。氧化锌阀片具有比碳化硅好得多的非线性伏安特性，在持续工作电压下仅流过微安级的泄漏电流，动作后无续流，因此它不需要火花间隙，从而使结构简化，并具有动作响应快、耐多重雷电过电压或操作过电压作用、吸收冲击过电压能力大、耐污性能好的特点。

3. 氧化锌避雷器工作原理

氧化锌避雷器装有防爆装置，即在避雷器每节元件上设有由薄金属片或塑料片构成的薄弱环节和排气导弧孔。当元件内部发生阀片击穿和闪络时，内部气压骤然升高，此时薄弱环节防爆膜首先破坏，将内部高压气体放出，并沿着排气导弧孔的方向排放高温气体，瓷套内部压力迅速降低，从而避免瓷套发生爆炸。也有将金属盖板制成具有弹性特性，当元件内部气压高于盖板预加的弹性变形压力时，盖板就被顶开，将内部高压气体排出。氧化锌避雷器按结构可以分为无间隙、带并联间隙和带串联间隙三种结构形式，其中无间隙型是主要的。

## 二、结构解析

### （一）氧化锌避雷器

不同类型氧化锌避雷器如图 7-1 所示。

（a）　　（b）　　（c）　　（d）

图 7-1　不同类型氧化锌避雷器

（a）35kV 电站型；（b）35kV 线路型；（c）中性点用 30/80 型；（d）中性点用 60/144 型

### （二）无间隙复合绝缘避雷器

不同类型无间隙复合绝缘避雷器如图 7-2 所示。

### （三）串联间隙瓷套式避雷器

不同类型串联间隙瓷套式避雷器如图 7-3 所示。

## 三、铭牌解读

阀型避雷器和氧化锌避雷器的铭牌标志与含义分别如图 7-4 与图 7-5 所示。

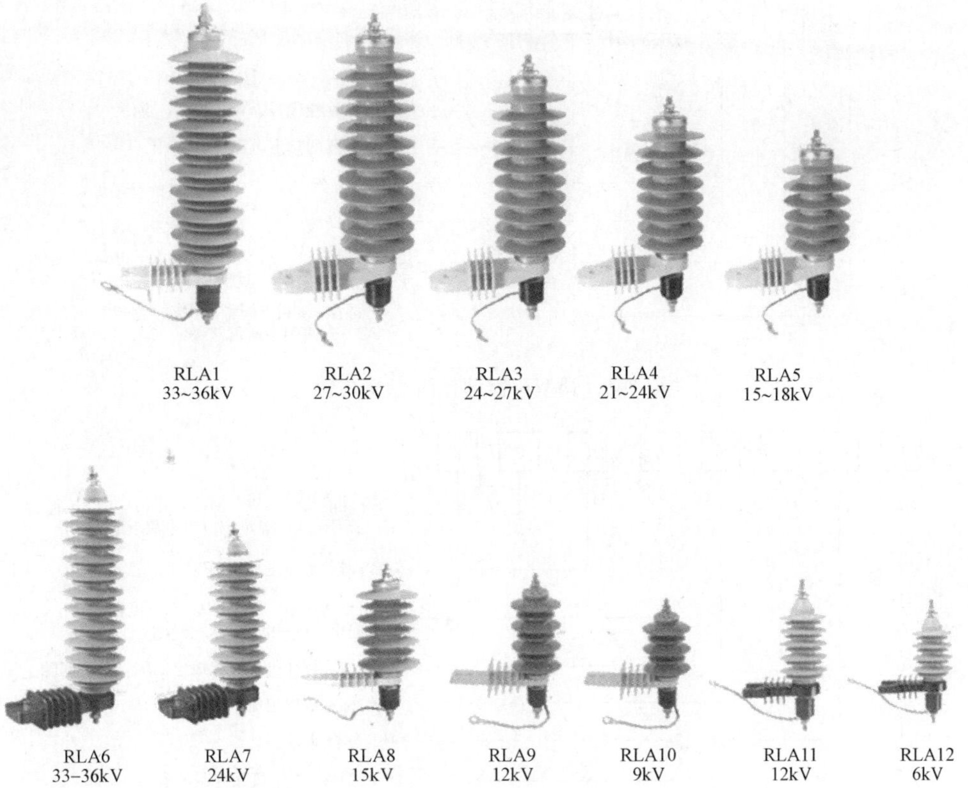


图 7-2 不同类型无间隙复合绝缘避雷器

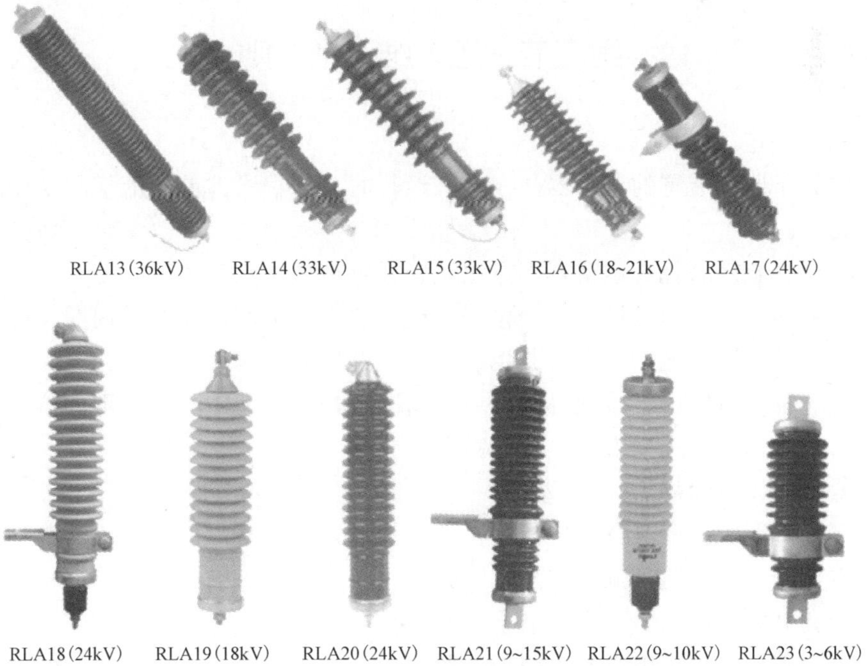


图 7-3 不同类型串联间隙瓷套式避雷器

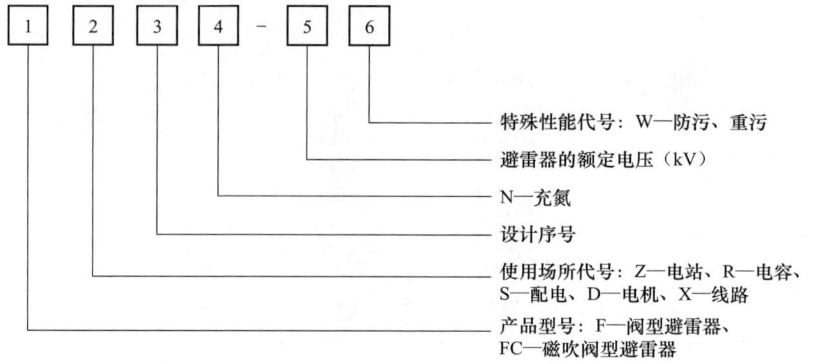


图 7-4　阀型避雷器铭牌标志与含义

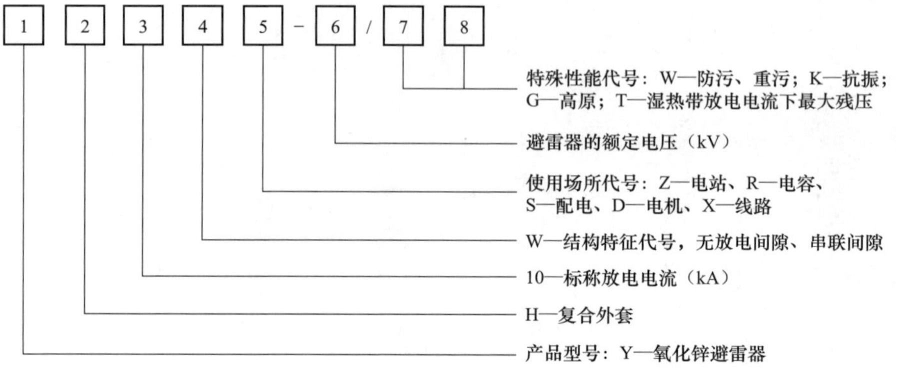


图 7-5　氧化锌避雷器铭牌标志与含义

## 第二节　运　维　细　则

### 一、一般规定

（1）安装了监测装置的避雷器，在投入运行时，应记录泄漏电流值和动作次数作为原始数据记录。

（2）瓷外套金属氧化物避雷器下方法兰应设置有效排水孔。

（3）避雷器应全年投入运行，严格遵守避雷器交流泄漏电流测试周期，雷雨季节前测量一次，测试数据应包括全电流及阻性电流，合格后方可继续运行。

（4）系统发生过电压、接地等异常运行情况时，应对避雷器进行重点检查。

（5）雷雨时，严禁巡视人员接近避雷器。

### 二、紧急申请停运规定

发生下列情况时，应紧急申请停运，停运前应远离设备：

（1）本体严重过热达到危急缺陷程度。

（2）瓷套破裂或爆炸。

（3）底座支持绝缘子出现严重破损、裂纹。

（4）内部存在异常声响或有放电声。

（5）运行电压下泄漏电流严重超标。

（6）连接引线严重烧伤或断裂。

## 第三节 检 修 细 则

（1）一次连接拆除（必要时）并检查确认连接线夹无断裂，接触面平整。

（2）瓷套清扫、检查：瓷套表面无污垢、无破损。

（3）均压环检查：无变形，安装牢固；金属件外观无锈蚀、相位清晰。

（4）在线监测器检查：在线监测器指示清晰、密封良好，动作应灵敏，接地应可靠。

（5）例行试验：各试验项目符合例行试验标准，无漏项。

（6）引线搭接：接触面应清拭干净，除去氧化膜和油漆，涂电力复合脂；各连接搭头螺栓应紧固。

（7）设备状态检查：清理现场，确认现场无遗留物件；检修设备及安全措施恢复至工作许可状态。

## 第四节 试 验 细 则

### 一、避雷器主绝缘

#### （一）试验目的

测量避雷器主体的绝缘情况，初步检查避雷器内部是否受潮。

#### （二）试验方法

使用2500V绝缘电阻表测量，被试避雷器接绝缘电阻表“L”端，绝缘电阻表“E”端接地进行测量。测量结束后记录绝缘电阻值，电压等级旋至“OFF”，关闭电源。

#### （三）注意事项

绝缘电阻测量后应充分放电。

#### （四）标准要求

主绝缘的绝缘电阻值不应低于10 000MΩ。

### 二、避雷器基座绝缘

#### （一）试验目的

测量避雷器基座的绝缘情况，防止运行时钢支架带电，对人员或其他设备产生伤害。

#### （二）试验方法

使用2500V绝缘电阻表测量，被试避雷器基座接绝缘电阻表“L”端，绝缘电阻表“E”端接地进行测量。测量结束后记录绝缘电阻值，电压等级旋至“OFF”，关闭电源。

#### （三）标准要求

避雷器基座绝缘的绝缘电阻值不应低于100MΩ。

### 三、直流1mA下参考电压 $U_{1mA}$ 及 $0.75U_{1mA}$ 下的泄漏电流

#### （一）试验目的

测量氧化锌避雷器直流1mA电流下的直流电压 $U_{1mA}$，主要是检查氧化锌避雷器的

阀片是否存在老化、受潮，以及其放电特征是否符合出厂要求。在 $0.75U_{1mA}$ 电压下测量流过避雷器的泄漏电流，主要是检查长期允许工作的电流是否符合相关规范要求。$0.75U_{1mA}$ 电压下，流过避雷器的泄漏电流与避雷器的使用寿命有直接的关系，如果泄漏电流过大，容易造成避雷器提早老化，在同一温度下测量的泄漏电流与使用寿命呈相反的关系。

（二）试验方法

在试品两端施加 $0.75U_{1mA}$ 直流电压，测量流过避雷器的泄漏电流。将控制箱、高压发生器、放电棒、避雷器底座接地。将控制箱输出端连接高压发生器，并将电流表（μA）安装在高压发生器顶部，电流表一端连接避雷器顶部，直流泄漏电流测量接线如图 7-6 所示。打开控制箱电源，升高电压直至电流表显示泄漏电流达到 1mA，记录此时电压值。按下“$0.75U_{dc}$”按钮，此时电压下降为此前电压的 75%，记录此时的泄漏电流。电压调节至 0 后关闭试验电源，并进行充分放电。

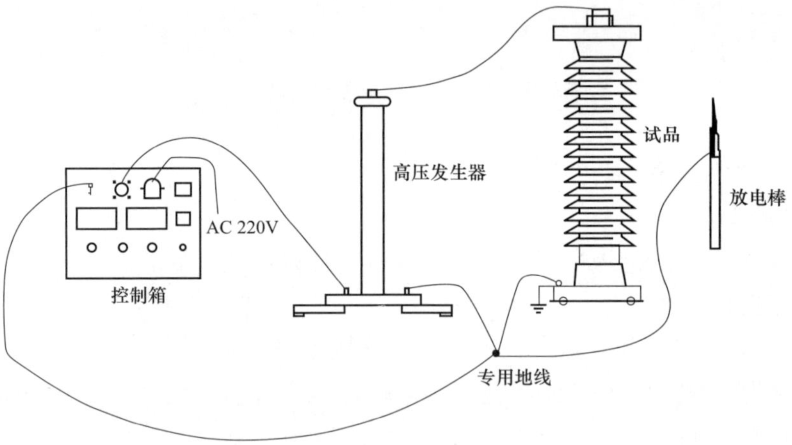


图 7-6　直流泄漏电流测量接线示意图

（三）注意事项

（1）装置上试验电压应在高压侧测量，推荐采电阻分压器测量。

（2）试验中，测量电流的引线应使用屏蔽线。

（3）试验前后，应对被试品及相邻设备充分放电。

（四）标准要求

（1）与初始值或出厂值比较，$U_{1mA}$ 电压值变化不应大于±5%。

（2）$0.75U_{1mA}$ 下的泄漏电流不应大于 50μA。

## 四、检查在线监测仪及放电计数器的动作情况

（一）试验目的

校验在线监测仪泄漏电流指示正确，放电计数器可靠准确动作，保证正确记录正常运行中避雷器的泄漏电流以及受到雷击次数，为工作人员对避雷器进行检验提供有针对性的依据。

（二）试验方法

应对每相在线监测仪泄漏电流表指示情况以及放电计数器的动作可靠性进行检查。将黑色线接计数器接地端，红色线接计数器高压输出端。打开电源开关，按住“测试”键按钮，进入测试状态，观察计数器是否可靠动作。

（三）标准要求

（1）在线监测仪泄漏电流表指示应符合制造厂技术条件。

（2）放电计数器应测量 3～5 次，均应正常动作。

## 第五节 常见故障与典型案例

### 一、避雷器常见故障

（一）氧化锌避雷器常见故障及危害

氧化锌避雷器常见故障类型主要有受潮、参数选择不当、结构设计不合理、操作不当、老化。这些故障轻则会造成避雷器绝缘下降、老化加快，重则会引起避雷器在运行电压下或过电压下爆炸损坏而危及系统安全运行。

（二）氧化锌避雷器常见故障原因分析

1. 受潮

（1）金属氧化物避雷器的密封胶圈永久性压缩变形的指标达不到设计要求，装入金属氧化物避雷器后，易造成密封失效，使潮气或水分侵入。

（2）金属氧化物避雷器的两端盖板加工粗糙、有毛刺，将防爆板刺破导致潮气或水分侵入。有的金属氧化物避雷器的端盖板采用铸铁件，但铸造质量极差、砂眼多，加工时密封槽因此而出现缺口，使密封胶圈装上后不起作用。潮气或水分由缺口侵入。

（3）组装时漏装密封胶圈或将干燥剂袋压在密封圈上，或是密封胶圈位移，或是没有将充氮气的孔封死等。

（4）装氮气的钢瓶未经干燥处理就灌入干燥的氮气，致使氯气受潮，在充氮时将潮气带入避雷器中。

（5）瓷套质量低劣，在运输过程中受损，出现不易观察的贯穿性裂纹，致使潮气侵入。

（6）总装车间环境不良，或是经长途运输后，未经干燥处理而附着有潮气的阀片和绝缘件装入瓷套内，使潮气被封在瓷套内。

2. 参数选择不当

近年来，在 3～66kV 中性点不接地或经消弧线圈接地系统中的金属氧化物避雷器，在单相接地或谐振过电压下动作损坏较多。分析认为，造成金属氧化物避雷器动作时损坏的主要原因，是对其额定电压和持续运行电压的取值偏低。

金属氧化物避雷器的额定电压是表明其运行特性的一个重要参数，也是一种耐受工频电压的能力指标；持续运行电压也是金属氧化物避雷器的重要特性参数，该参数的选择对金属氧化物避雷器的运行可靠性有很大的影响。因此，相对旧版标准，《交流无间隙金属氧化物避雷器》（GB/T 11032—2020）对金属氧化物避雷器的额定电压和持续运行电压的定义做了如下修改：额定电压是指通过工频电压耐受时间特性试验和动作负载试验验证，允许施加到避雷器端子间持续 10s 的最大工频过电压方均根值；持续运行电压是指允许持久地施加在避雷器端子间的工频电压方均根值。

3. 结构设计不合理

（1）有些避雷器厂家片面追求体积小、质量轻，造成瓷套的干闪、湿闪电压太低。

（2）固定阀片的支架绝缘性能不良，有的甚至用青壳纸卷阀片，复合绝缘的耐压强度难以满足要求。

（3）阀片方波通流容量较小，使用在某些场合不配合。

4. 操作不当

运行部门操作不当也是造成金属氧化物避雷器损坏或爆炸的一个原因。操作人员误操作，将中性点接地系统变为局部不接地系统，会致使施加到金属氧化物避雷器两端的电压大大超过其持续运行电压。例如某地区有两个变电站发生的两起事故就属于操作不当引起的，当时在变压器与系统分开、中性点不接地的情况下，没有合中性点接地开关就进行系统操作，导致金属氧化物避雷器损坏。

5. 老化

运行统计表明，国产金属氧化物避雷器由于老化引起的损坏极少，而进口金属氧化物避雷器爆炸的主要原因是阀片的质量差，主要是阀片的老化特性不好，其次是均一性差，使电位分布不均匀，运行一段时间后，部分阀片首先劣化，造成避雷器参考电压下降，阻性电流和功率损耗增加。由于电网电压不变，则金属氧化物避雷器内其余正常的阀片因荷电率（荷电率为金属氧化物避雷器最大运行相电压的峰值与其直流参考电压或工频参考电压峰值之比）增高，负担加重，导致老化速度加快，形成恶性循环，最终导致金属氧化物避雷器发生热崩溃。

（三）氧化锌避雷器故障预防措施

（1）提高产品质量，高度重视金属氧化物避雷器的结构设计、密封、总装环境等决定质量的因素。

（2）正确选择金属氧化物避雷器，这是保证其可靠运行的重要因素。

## 二、避雷器典型故障案例

（一）案例说明

2011 年 9 月，在对 110kV ××变电站进行红外测温的过程中，发现两条线路避雷器存在明显过热现象。经上报主管部门后，将该两条线路分别停电并对线路避雷器及同型号的主变 110kV 中性点避雷器进行诊断性试验，发现部分台次避雷器绝缘电阻异常偏低，其中多台避雷器的 $0.75U_{1mA}$ 下的泄漏电流值有大幅增长，且超出了 50μA 的警示值。对该变电站全站 110kV 避雷器进行交接更换后，对换下的异常避雷器进行解体检查分析，发现其绝缘性能的大幅度下降与其内部构件受潮有关，属于疑似家族性缺陷，对使用该厂家当年批次产品的各变电站避雷器设备加强了跟踪监测。

（二）案例分析及处理

2011 年 9 月在对某 110kV 变电站红外测温过程中，发现两条线路避雷器存在明显过热现象。两条线路避雷器红外测温结果见表 7-1。

**表 7-1　　两条线路避雷器红外测温结果**　　（℃）

| ××线路避雷器 | | | ××支线避雷器 | | |
|---|---|---|---|---|---|
| A 相最高温度 | B 相最高温度 | C 相最高温度 | A 相最高温度 | B 相最高温度 | C 相最高温度 |
| 29.75 | 27.09 | 29.25 | 26.91 | 26.13 | 27.11 |

正常运行中的氧化锌避雷器应为整体轻微发热，相间温差一般不大于 0.5K。从表 7-1 数据可以看出，该线路避雷器 A、C 两相避雷器整体温度明显高于 B 相（A 相与 B 相相差 2.66℃、C 相与 B 相相差 2.16℃）；某支线避雷器与该线路避雷器存在相似情况（A 相与 B 相相差 0.78℃、C 相与 B 相相差 0.98℃）。经上报主管部门将该两条线路分别停电后，技术人员对线路避雷器及主变的 110kV 中性点避雷器进行诊断性试验，试验结果见表 7-2。

**表 7-2　　110kV 等级避雷器试验结果**

| 设备 | 绝缘（MΩ） | $U_{1mA}$（kV） | $0.75U_{1mA}$ 下泄漏电流（μA） |
|---|---|---|---|
| ××支线 A 相避雷器 | 9500 | 150.5 | 69 |
| ××支线 B 相避雷器 | 23 000 | 150.4 | 24 |
| ××支线 C 相避雷器 | 10 080 | 150.2 | 55 |
| ××线路 A 相避雷器 | 1170 | 149.4 | ＞100 |
| ××线路 B 相避雷器 | 19 400 | 149.2 | 24 |
| ××线路 C 相避雷器 | 1010 | 150.5 | ＞100 |
| 1 号主变中性点避雷器 | 120 | 63.7 | ＞100 |
| 2 号主变中性点避雷器 | 13 200 | 105.7 | 27 |

通过试验发现部分避雷器绝缘电阻异常偏低，其中多台避雷器的 $0.75U_{1mA}$ 下的泄漏电流值有大幅增长，且超出了 50μA 的警示值。诊断性试验结果说明××支线 A、C 两相避雷器、××线路 A、C 两相避雷器及 1 号主变中性点避雷器存在严重绝缘缺陷。结合红外图谱和试验数据，初步分析其绝缘性能的大幅度下降与其内部构件受潮有关。随后技术人员对避雷器进行了解体检查及分析。

1. 解体检查

以××支线 C 相避雷器解体为例，首先将避雷器顶部帽盖拆离后发现：避雷器上电极边缘的浇铸工艺不到位，存在浇注间隙；外层硅橡胶可整体剥离，与内部环氧树脂绝缘筒（简称“环氧套筒”）未可靠粘合。

之后，技术人员用工具将避雷器的氧化锌阀片与环氧套筒分离，对部分阀片依次进行参数测试，试验数据合格。C 相阀片参数测试结果见表 7-3。

表 7-3　　C 相阀片参数测试结果　　（μA）

| ××支线 C 相阀片 | | | | | |
|---|---|---|---|---|---|
| 阀片编号 | $U_{1mA}$ | $0.75U_{1mA}$ 下泄漏电流 | 阀片编号 | $U_{1mA}$ | $0.75U_{1mA}$ 下泄漏电流 |
| 1 | 3.38 | 6 | 7 | 3.41 | 6 |
| 2 | 3.41 | 6 | 8 | 3.41 | 5 |
| 3 | 3.38 | 5 | 9 | 3.37 | 5 |
| 4 | 3.41 | 6 | 10 | 3.42 | 5 |
| 5 | 3.41 | 5 | 11 | 3.41 | 6 |
| 6 | 3.42 | 5 | 12 | 3.37 | 6 |

将 C 相避雷器环氧套筒分离后检查发现，该避雷器环氧套筒的内表面与试验数据正常的 B 相避雷器环氧套筒存在色差，表面存在少许潮气。技术人员将××支线 B、C 相避雷器环氧套筒（切割尺寸相同，长 230mm）同时送至试验室，进行直流泄漏试验，电压未升到 3kV 时，C 相环氧套筒的电流指示已经满偏（电流表量程为 50μA），说明 C 相环氧套筒已经劣化。经解体其他绝缘性能下降的避雷器，发现均存在相同问题。B、C 相避雷器环氧套筒直流泄漏试验数据见表 7-4。

表 7-4　　B、C 相避雷器环氧套筒直流泄漏试验数据

| C 相环氧套筒 | |
|---|---|
| 施加电压（kV） | $I_x$（μA） |
| 3 | 50 |
| B 相环氧套筒（正常相） | |
| 施加电压（kV） | $I_x$（μA） |
| 20 | 10 |

2. 原因分析

复合材料的氧化锌避雷器环氧套筒吸潮能力极强，若与硅橡胶合成套粘合不良，极有可能使潮气从硅橡胶和环氧套筒边缘处渗透，引起环氧套筒受潮而劣化。

从表 7-3 和表 7-4 的试验数据来看，避雷器本体阀片没有出现明显的绝缘受潮或者劣化现象，说明避雷器绝缘下降与阀片没有直接的关系，而环氧套筒受潮劣化使得泄漏电流明显增高。

通过上述解体试验和分析认为，本案例避雷器绝缘性能下降的主要原因为环氧套筒受潮劣化，而环氧套筒受潮的原因主要是生产工艺不良引起。由于避雷器阀片与环氧套筒之间有填充胶密封，环氧套筒受潮不一定影响阀片绝缘。

（三）案例总结

由于复合套氧化锌避雷器环氧套筒受潮，绝缘电阻大幅下降，泄漏电流明显增大，造成避雷器表面温升异常增高，可以通过红外测温有效检出此类绝缘故障。

该变电站自投产以来一直承担着城区重要用户的生产生活供电，定期运用成熟的红

外测温技术手段对变电站一次设备进行红外测温能够及时有效发现缺陷隐患，从而有效避免因缺陷扩大造成的停电事故。

鉴于 2000～2002 年该故障避雷器厂家生产的硅橡胶合成套无间隙避雷器产品存在设计结构性缺陷的问题，容易导致内部绝缘件受潮，存在严重安全隐患，对电网内使用同一厂家的此类产品，应采取红外测温和带电测试手段安排特殊巡视，发现异常及时安排停电试验，避免因避雷器环氧套筒受潮而引发重大设备事故，必要时进行更换。

## 第六节 理论知识试题

**一、什么是避雷器？**

避雷器一种能释放过电压能量、限制过电压幅值的保护设备。使用时，将避雷器安装在被保护设备附近，与被保护设备并联。在正常情况下避雷器不导通（最多只流过微安级的泄漏电流）；当作用在避雷器上的电压达到避雷器的动作电压时，避雷器导通，通过大电流、释放过电压能量并将过电压限制在一定水平，以保护设备的绝缘；在释放过电压能量后，避雷器恢复到原状态。

**二、避雷器怎样分类？**

按发展的先后，避雷器可分为保护间隙、管式避雷器（包括一般管式和新型）、阀型避雷器、磁吹阀式避雷器和氧化锌避雷器。其中，保护间隙、管式避雷器（包括一般管式和新型）和阀型避雷器只能限制雷电过电压，而磁吹阀式避雷器和氧化锌避雷器既可限制雷电过电压，也可限制内部过电压。目前主要使用氧化锌避雷器。

（1）保护间隙是最简单的避雷器。

（2）管式避雷器也是一个保护间隙，但它在放电后能自动灭弧。

（3）阀型避雷器。为了进一步改善避雷器的放电特性和保护效果，将原来的单个放电间隙分成许多短的串联间隙，同时增加了非线性电阻（这种非线性电阻片是用碳化硅和结合剂烧结而成，称为碳化硅阀片），发展成阀型避雷器。

（4）磁吹阀式避雷器利用了磁吹式火花间隙，因此间隙的去游离作用增强，提高了灭弧能力，从而增强了它的保护作用。

（5）氧化锌避雷器。氧化锌避雷器是在 20 世纪 70 年代出现的一种新型避雷器，它具有无间隙、无续流、残压低等优点。

磁吹阀式避雷器和氧化锌避雷器除了能限制雷电过电压外，还具有限制电力系统内部过电压的能力。

**三、对避雷器有哪些基本要求？**

为了可靠地保护电气设备，使电力系统安全运行，任何避雷器必须满足下列要求：

（1）避雷器的伏秒特性与被保护设备的伏秒特性要正确配合，即避雷器的冲击放电电压任何时刻都要低于被保护设备的冲击电压。

（2）避雷器的伏安特性与被保护设备的伏安特性要正确配合，即避雷器动作后的残压要比被保护设备通过同样电流时所能耐受的电压低。

（3）避雷器的灭弧电压与安装地点的最高工频电压要正确配合，使在系统发生一相接地的故障情况下，避雷器也能可靠地熄灭工频续流电弧，从而避免避雷器发生爆炸。

（4）当过电压超过一定值时，避雷器产生放电动作，将导线直接或经电阻接地，以限制过电压。

**四、金属氧化物避雷器运行中劣化的征兆有哪几种？**

金属氧化物在运行中劣化主要是指电气特性和物理状态发生变化，这些变化包括伏安特性漂移、热稳定性破坏、非线性系数改变和电阻局部劣化等。一般情况下，这些变化都可以从避雷器的如下几种电气参数的变化上反映出来：

（1）在运行电压下，泄漏电流电阻性分量峰值的绝对值增大。

（2）在运行电压下，泄漏电流谐波分量明显增大。

（3）运行电压下的有功损耗绝对值增大。

（4）运行电压下的总泄漏电流的绝对值增大，但不一定明显。

**五、为什么要监测金属氧化物避雷器运行中的持续电流的阻性分量？**

当工频电压作用于金属氧化物避雷器时，避雷器相当于一台有损耗的电容器。其中，容性电流的大小仅对电压分布有意义，并不影响发热，而阻性电流则是造成金属氧化物电阻片发热的原因。

良好的金属氧化物避雷器虽然在运行中长期承受工频运行电压，但因流过的持续电流通常远小于工频参考电流，引起的热效应极微小，不致引起避雷器性能的改变。而在避雷器内部出现异常时（主要是阀片严重劣化和内壁受潮等），阻性分量将明显增大，并可能导致热稳定性破坏，造成避雷器损坏。但这个持续电流阻性分量的增大一般是经过一个过程的，因此运行中定期监测金属氧化物避雷器的持续电流的阻性分量，是保证其安全运行的有效措施。

**六、避雷器在安装前应检查哪些项目？**

（1）设备型号要与设计相符。

（2）瓷质或复合绝缘子应无裂纹、破损，瓷套或复合绝缘子与法兰间的结合应良好。

（3）向不同方向轻轻摇动，内部应无松动响声。

（4）组合元件经试验合格，底座和拉紧绝缘子的绝缘应良好。

**七、氧化锌避雷器的主要电气参数有哪些？**

（1）额定电压：是指允许施加到避雷器端子间持续10s的最大工频过电压方均根值，按照此电压所设计的避雷器能在所规定的动作负载试验中确定的暂时过电压下正确动作；它不等于系统的标称电压。

（2）持续运行电压：是指允许持久地施加在避雷器端子间的工频电压方均根值，一般相当于避雷器额定电压的75%～80%。

（3）持续电流：是指在持续运行电压下通过避雷器的电流，该值由制造厂规定和提供，所提供值应包括全电流和阻性电流基波分量的峰值。

交接试验时，在系统运行电压下测量持续电流（即运行电压下的交流泄漏电流）应不大于出厂试验值的30%。

（4）工频参考电压：是指避雷器在工频参考电流下测出的避雷器端子间的工频电压峰值除以$\sqrt{2}$。工频参考电流由制造厂确定，对于单柱避雷器，参考电流的典型范围为每平方厘米电阻片0.05～1.0mA。工频参考电压不低于避雷器的额定电压值。

（5）直流参考电压：是指直流参考电流下测出的避雷器端子间的直流电压平均值。直流参考电流的数值由制造厂规定，通常取1～5mA，国内一般取1mA。$U_{1mA}$一般不小于避雷器额定电压的峰值。

交接试验的直流参考电压不应大于出厂值的±5%。

（6）$0.75U_{1mA}$下的泄漏电流：是指在$0.75U_{1mA}$下的泄漏电流，不应大于50μA。额定电压大于216kV时，泄漏电流由制造厂和用户协商规定。

（7）标称放电电流：是用来划分避雷器等级的波形为8/20μs的雷电冲击电流峰值。对一定电压等级的电力系统和相应绝缘水平的线路而言，侵入变电站的雷电波作用于避雷器时，一般通过避雷器的放电电流峰值不应超过某一数值，这个数值定为标称放电电流。该放电电流在66～110kV为5kA；220kV系统为10kA；330～500kV系统为10～20kA；对于500kV系统，当变电站装有两组及以上的避雷器时为10kA，只有一组避雷器时则为20kA。

（8）残压：是指放电电流通过避雷器时其端子间的电压峰值。残压分为雷击冲击残压、操作冲击残压和陡波残压三个类型。

（9）工频电压耐受时间特性：是指在规定的条件下，对避雷器施加不同的工频电压且不导致避雷器损坏或热崩溃所对应的最大持续时间。当暂时过电压的幅值高于或低于避雷器额定电压而作用时间短于或长于10s时，可以用工频耐受时间特性曲线校核，该曲线必须由避雷器制造厂提供。

**八、非线性金属氧化物电阻片的特点有哪些？**

非线性金属氧化物电阻片是避雷器的主要工作部件。由于其具有非线性伏安特性，在过电压时呈低电阻，从而限制了避雷器端子间的电压。在正常运行电压下，避雷器呈高阻绝缘状态；当受到过电压冲击时，避雷器呈低阻抗状态，迅速泄放冲击电流入地，使与其并联的电气设备上的电压限制在规定值内，从而保证电气设备的安全运行。

**九、氧化锌避雷器有哪些特点？**

（1）结构简单，造价低，性能稳定。

（2）串联火花间隙放电需要一定的延时，而氧化锌避雷器没有串联火花间隙，因而有效地改善了避雷器在陡波下的保护性能。

（3）在雷电过电压下动作后，无工频续流，使通过避雷器的能量大为减少，从而延长了工作寿命。

（4）氧化锌阀片通流能力大，提高了避雷器的动作负载能力和电流耐受能力。

（5）无串联火花间隙，可直接将阀片置于$SF_6$组合电器中或充油设备中。

（6）残压低，具有优异的保护性能，保护性能优越。

（7）通流容量大，吸收过电压能量的能力强。

## 十、氧化锌避雷器常见故障有哪些？

（1）避雷器内部受潮。电力系统中，因避雷器受潮引起泄漏电流增加或内部闪络事件最为常见。避雷器受潮的主要原因是密封不良或组装避雷器过程中带进的水分。在运行电压和温度的作用下，水分蒸发于阀片外侧和瓷套内壁，引起沿面闪络。

（2）避雷器电位分布不均匀，导致电阻片老化。高压或超高压避雷器的整体尺寸较大，避雷器的杂散电容影响较大，电位分布较难控制。通常采取内部加装电容和外部均压环共同控制，但因设计验证不够或运行中瓷套表面污秽严重，易导致电位分布不均而加速电阻片老化。

## 十一、避雷器、避雷针用什么方法记录放电？

避雷器、避雷针用装设磁钢棒和放电记录器两种方法记录放电。

（1）放电记录器的基本原理是当雷电流通过避雷器入地时，对记录器内部电容器进行充电；当雷电消失后，电容器对记录器的线圈放电，记录放电次数。

（2）磁钢棒记录放电的基本原理是当雷电流通过避雷针入地时，磁钢棒被雷电流感应而磁化，记录雷电流数值。

第八章

# 并联电容器

## 第一节 总体介绍

### 一、工作原理及分类

（一）工作原理

电容器是由绝缘材料（电介质）隔开的两块导电板组成的电气储能元件，导电板可以是圆形或方形。在电力系统中对外进行能量交换时，电容器主要用于提供无功功率。电容器的电容量定义为两块极板之间建立单位电位差时所需的电荷量。电容器的运行电压一般不宜超过 1.05 倍的额定电压，但能在 110%的额定电压下运行，不得超过额定的有效值电压。电容器组如图 8-1 所示。

1. 充电

电容器充放电原理如图 8-2 所示，当 K-1 接通时，电源电流流入电极 ab，由于电极间存在绝缘介质，故不能使电流通过。此时 ab 电极间各极中的自由电子流向电源，开始积储电荷并很快达到饱和。此时 a 极与电源的正电流、b 极与电源的负电流电势相等，无电流流动，完成充电过程。

图 8-1 电容器组

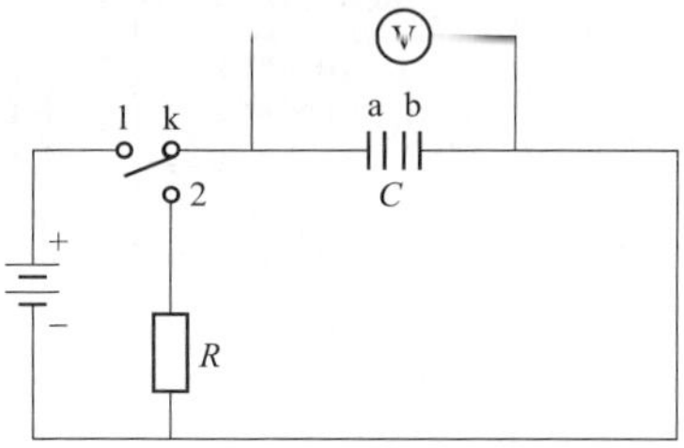


图 8-2 电容器充放电原理图

2. 放电

如图 8-2 所示，电源断开，即 K-1 断开、K-2 接通时，电容 a 极高电位电荷经回路向低电位 b 极运动，于是 ab 极间电荷逐渐中和，当电位差值为零时，完成放电。

（二）分类

电容器按用途可分为以下八类。

（1）并联电容器：主要用于补偿电力系统感性负荷的无功功率，以提高功率因数，改善电压质量，降低线路损耗。

（2）串联电容器：串联于工频高压输、配电线路中，用以补偿线路的分布感抗，提高系统的静、动态稳定性，改善线路的电压质量，加长送电距离和增大输送能力。

（3）耦合电容器：主要用于高压电力线路的高频通信、测量、控制、保护以及在抽取电能的装置中作部件用。

（4）断路器电容器：原称均压电容器，并联在超高压断路器断口上起均压作用，使各断口间的电压在分断过程中和断开后均匀，并可改善断路器的灭弧特性，提高分断能力。

（5）电热电容器：用于频率为 40～24 000Hz 的电热设备系统中，以提高功率因数，改善回路的电压或频率等特性。

（6）脉冲电容器：主要起储能作用，用作冲击电压发生器、冲击电流发生器、断路器试验用振荡回路等基本储能元件。

（7）直流和滤波电容器：用于高压直流装置和高压整流滤波装置中。

（8）标准电容器：用于工频高压测量介质损耗回路中，作为标准电容或用作测量高压的电容分压装置。

## 二、结构解析

并联电容器的结构如图 8-3 所示。

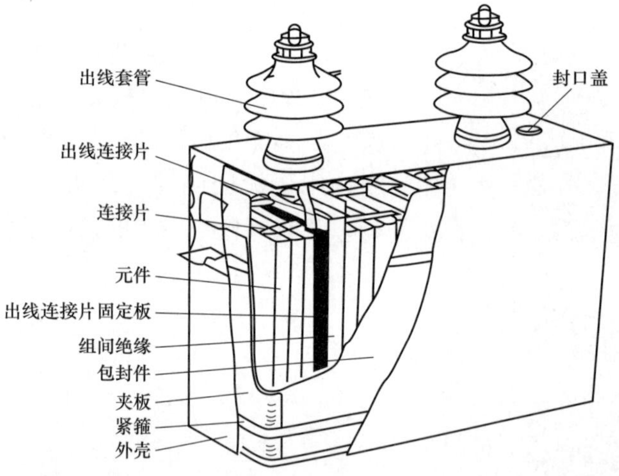


图 8-3　并联电容器结构示意图

电容器的接线通常分为三角形和星形两种方式，此外，还有双三角形和双星形接线方式。

（1）接地星形：中性点不需要达到系统 BIL（基本冲击绝缘水平）的绝缘水平，故电容器组的初始成本较小；降低了断路器的瞬态恢复电压；电容器支架结构承受的机械强度较小。接地星形接线如图 8-4 所示。

（2）不接地星形：正常运行时，相电压和电流是对称的；当某电容器故障时，中性点就会飘移，非故障相电容电压将上升 1.732 倍，可能引起其他故障。不接地星形联结方式不会流过零序电流、三次谐波电流，在系统发生故障时也不会流过大的电容器放电电流（相间故障仍可能发生）。不接地星形接线如图 8-5 所示。

（3）不接地分裂星形：与不接地星形联结方式等效，且能检测中性点处不平衡状况。不接地分裂星形接线如图 8-6 所示。

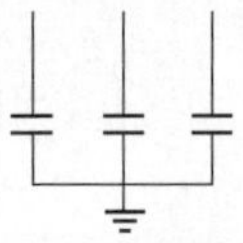

图 8-4 接地星形接线示意图

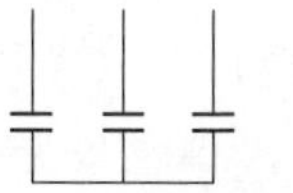

图 8-5 不接地星形接线示意图

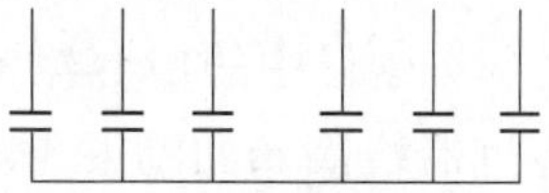

图 8-6 不接地分裂星形接线示意图

容量相同的三相电容器，星形接法和三角形接法，额定电流不相同。当三相电容器的额定电压与电网额定电压相同时，三相电容器应采用三角形联结。但三角形接线的电容器直接承受线电压，任何一台电容器因故障被击穿时，就形成两相短路；如果故障不能迅速切除，巨大的故障电流和电弧将使绝缘介质分解产生气体，使油箱爆炸，并波及邻近的电容器。因此，电容器三角形接线已经很少在 10kV 系统中使用，只是在 380V 配电系统中有少量使用。

单相电容器的额定电压低于电网额定电压时，应采用星形联结。星形联结方式下，每相电压为线电压的 $1/\sqrt{3}$，电容器的输出容量将减少。

**三、铭牌解读**

电容器铭牌标志与含义如图 8-7 所示。

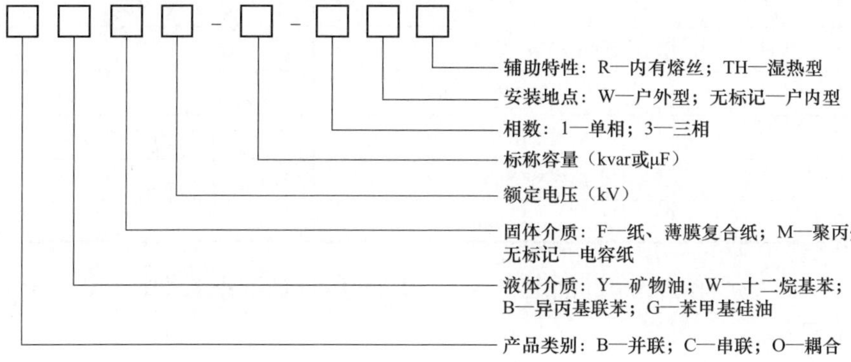


图 8-7 电容器铭牌标志与含义

举例说明：某电容器的型号为 BW0.4-14-3，表示并联、十二烷基苯浸渍、全电容器纸介质、额定电压 0.4kV、标称容量 14kvar，户内型三相电力电容器。

## 第二节 运 维 细 则

**一、一般规定**

（1）并联电容器组新装投运前，除各项试验合格并按一般巡视项目检查外，还应检查确认放电回路、保护回路、通风装置完好。构架式电容器装置每只电容器应编号，在上部 1/3 处贴 45～50℃试温蜡片。在额定电压下合闸冲击 3 次，每次合闸间隔时间 5min，应将电容器残留电压放完后方可进行下次合闸。

（2）并联电容器组放电装置应投入运行，断电后，在 5s 内应将剩余电压降到 50V 以下。

（3）运行中的电容器室温度不应超过 35℃；当室温超过 35℃时，干式三相重叠安装的电抗器线圈表面温度不应超过 85℃，单独安装的不应超过 75℃。

（4）并联电容器组外熔断器的额定电流应按不小于电容器额定电流的 1.43 倍选择，并不宜大于额定电流的 1.55 倍。更换外熔断器时，应注意选择相同型号及参数的外熔断器。每台电容器必须有安装位置的唯一编号。

（5）电容器引线与端子间连接应使用专用线夹，电容器端子间或端子与汇流母线间的连接应采用带绝缘护套的软铜线。新安装电容器的汇流母线应采用铜排。

（6）电容器室不宜设置采光玻璃，门应向外开启，相邻两电容器柜门应能向两个方向开启。电容器室的进、排风口应有防止风雨和小动物进入的措施。

（7）对于接入谐波源用户的变电站电容器，每年应安排一次谐波测试，谐波超标时应采取相应的消谐措施。

（8）电容器允许在额定电压±5%波动范围内长期运行。电容器过电压倍数及运行持续时间见表 8-1，尽量避免在低于额定电压下运行。

**表 8-1　　电容器过电压倍数及运行持续时间**

| 过电压倍数（$U_g/U_n$） | 持续时间 | 说明 |
|---|---|---|
| 1.05 | 连续 | |
| 1.10 | 每 24h 中 8h | |
| 1.15 | 每 24h 中 30min | 系统电压调整与波动 |
| 1.20 | 5min | 轻荷载时电压升高 |
| 1.30 | 1min | |

（9）并联电容器组允许在不超过额定电流的 30%的运行情况下长期运行。三相不平衡电流不应超过 5%。

## 二、紧急申请停运规定

发生下列情况时，应紧急申请停运，停运前应远离设备：

（1）电容器发生爆炸、喷油或起火。

（2）接头严重发热。

（3）电容器套管发生破裂或有闪络放电。

（4）电容器、放电线圈严重渗漏油时。

（5）电容器壳体明显膨胀，电容器、放电线圈或电抗器内部有异常声响。

（6）2 根及以上电容器外熔断器熔断。

（7）电容器的配套设备有明显损坏，危及安全运行。

## 第三节 检修细则

（1）引线检查：引线的线夹无开裂、螺栓应紧固，引线应无断股现象；接触面除去氧化物，涂上导电膏。

（2）末屏引线检查：套管末屏引线接线可靠接地。套管末屏引线在试验结束后及时恢复。

（3）外绝缘检查和清扫：各侧套管瓷件表面无损伤、无积污。

（4）耦合电容器金属件外观检查：无锈蚀。

（5）例行试验：无漏项，试验数据正常。

（6）设备状态检查：状态应恢复到原状态；检修中拆动的零部件应恢复原状态。

## 第四节 试验细则

### 一、电容器电容量

（一）试验目的

测量电容器电容量并与铭牌比较，判断内部接线是否正确、绝缘是否受潮劣化、元件是否击穿断线及是否存在漏油而使电容量下降等缺陷。

（二）试验方法

试验前，对被试电容充分放电。使用电容电感测试仪，将电压输出夹子夹至电容器两端，钳形电流夹子夹到需要测量电流的部位。检查确认接线正确后，打开电源开关开始测试；试验完成后记录试验数据，关闭电源开关，断开试验电源，对被试电容进行充分放电。电容器电容量测试接线如图8-8所示。

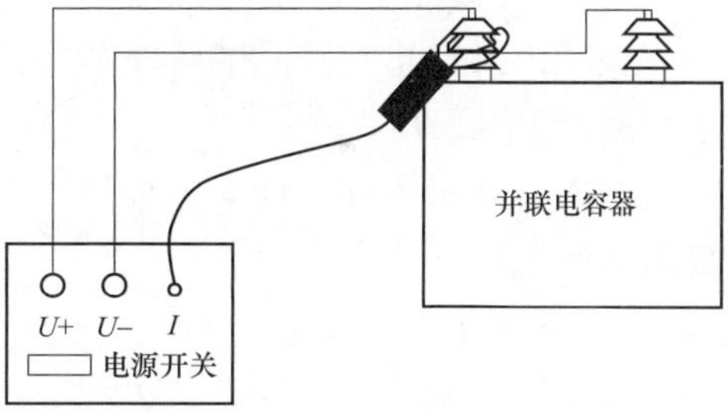


图8-8 电容器电容量测试接线示意图

（三）注意事项

测量前后应对电容器充分放电。

（四）标准要求

（1）电容值偏差不超出额定值的–5%～+10%范围。

（2）电容值不应小于出厂值的95%。

### 二、电容器极端对地绝缘电阻

（一）试验目的

测试电容器对地之间的绝缘情况。

（二）试验方法

用2500V绝缘电阻表测量电容器极对外壳绝缘电阻。将被试电容器极端连接绝缘电阻表的“L”端，绝缘电阻表“E”端接地，开始电容器绝缘电阻测试。测量结束后记录绝缘电阻值，关闭试验电源。

（三）注意事项

测量前后应对电容器充分放电。

（四）标准要求

电容器极对外壳绝缘电阻不应低于 2000MΩ。

## 第五节　常见故障与典型案例

### 一、并联电容器常见故障

（一）并联电容器常见故障及危害

并联电容器的常见故障主要有渗漏油、外壳膨胀变形、温度过高、外绝缘闪络放电、异常声响、额定电压选择不当等，其主要危害为电容器绝缘下降、电容击穿、保护动作、无功投入不足甚至爆炸起火危及系统安全运行。

（二）并联电容器常见故障原因分析

1. 渗、漏油

渗、漏油是一种常见的异常现象，其主要原因是出厂产品质量不良或运行维护不当，长期运行缺乏维修，导致外皮生锈腐蚀而造成电容器渗、漏油。

处理方式：若外壳渗、漏油不严重，可对外壳渗漏处除锈、焊接、涂漆。

2. 外壳膨胀变形

说明内部已出现严重的绝缘故障，应更换电容器。

3. 温度过高

应改善通风条件，如为其他原因，应查明原因进行处理；如系电容器的问题，应更换电容器。

4. 外绝缘闪络放电

其原因是瓷绝缘有缺陷、表面脏污，应定期检查，清理脏污；对分散式电容器，套管绝缘不能恢复时应更换电容器单元。

5. 存在异常声响

电容器在正常情况下应无任何声响。发现有放电声或其他不正常声音，说明电容器内部有故障，应立即停止电容器运行，进行检修或更换电容器。

6. 额定电压选择不当

并联电容器一般都带有串联电抗器，由于电抗器电压和电容器电压相位相反，在母线电压一定的情况下，会造成电容器相间电压增大；因此，在电容器选型订货时，必须按照串联电抗率选择合适额定电压的电容器。如果电容器额定电压选择较低，则由于电容器过压能力较弱，必将大大降低电容器的使用寿命。

（三）并联电容器异常及预防措施

1. 投入电容器组时产生的涌流

并联电容器组投入时，不仅会产生过电压，同时会产生幅值很大、频率很高的涌流。在电网中，为了调节无功功率，有时将电容器分组，每组电容器由一台断路器来控制。

在电容器上串联电抗器可以限制涌流。

2. 投入电容器引起瞬间过渡电压下降

（1）故障原因分析：当无电压的并联电容器投入电路中的瞬间（$U$=0），电容器的电抗值近似为零，与电容器连接的母线电压降低值将取决于电源侧的电抗和电容器串联的电抗的比值。

（2）预防措施：一般在投入并联电容器时，希望过渡电压值限制在10%～59%，其串联电抗器的规格应根据所允许的瞬间过渡电压降低值来决定，应采用电抗值不变的空心电抗器。

3. 由系统中的高次谐波电压、电流引起的异常

（1）故障原因分析：在无串联电抗器的情况下，将电容器投入运行时，回路中的5次谐波电压将增大，与谐波电流和基波电流相叠加，引起异常过电流。

（2）预防措施：主要是在电容器中串联6%的电抗器，此时，对5次以上的谐波电容器电路的阻抗必然为感性的，这样使$E_o > U_k$，即5次谐波电压减小。

4. 高次谐波引起的谐振过电压

（1）故障原因分析：配电网络的阻抗和电容器组的电容器可以看成一个*RLC*串联电路，这个电路产生串联谐振。

（2）预防措施：若安装地点运行电压不高，但过电流严重，则主要考虑波形畸变问题；在电容器回路中串联电抗器，电抗器感抗值的选择应该考虑在任一谐波下均使电容器回路的总电抗为感性而不为容性，从根本上清除谐波谐振的可能性；采取必要的分组方式，可避免分组电容器投到谐振点上，同时也可避免出现过大的谐波电流放大倍数。

5. 切断电容器组引起的异常

（1）故障原因分析：并联电容器运行时通常分成几组，根据无功负荷的大小或电压的高低决定投切的组数，并联电容器组切除时常出现过电压。我国10～63kV系统为中性点不接地的小电流接地系统，无功补偿用的电容器组均采取中性点绝缘的形式。运行经验证明，在切断电容器组时会产生重燃过电压而引起事故。

（2）预防措施：

1）采用无重燃断路器。由于切断电容器组的过电压是由断路器重燃引起的，所以采用无重燃断路是一项有效的措施。

2）装设金属氧化物电容器。这是我国使用最多的降压措施。

3）装设阻容限压器。其中电容约为0.5pF，电阻为数百欧至1kΩ。

4）断路器加装并联电阻。

5）在电抗器两端并联过电压保护器。

6）采用$SF_6$断路器。

（四）并联电容器过负荷的处理

1. 引起并联电容器过负荷的原因

（1）实际运行电压高于电容器的额定电压。

（2）谐波电压所引起的过电流。

2. 预防措施

（1）对过电压引起的过负荷，应采取措施降低连接电容器的母线电压，如调整变压器的分接头等。

（2）若电压波动幅值较大，可装设按电压自动投切电容器的装置。

（3）若电容器安装地点运行电压并不高，但电容器过电压严重，则须考虑供电网络高次谐波的影响。

## 二、并联电容器典型故障案例

### （一）案例说明

某变电站10kV 2号电容器组（型号BFF610.5/3-33-1W），投运时间不长就多次发生电容单元损坏，不平衡电流保护动作，导致该站无功投入不足。

### （二）案例分析及处理

1. 电容器制造质量差

该站选用的电容器为国内某大型电容器厂家产品，且在该供电局运行有数十套之多，故障率极低，因此产品质量原因可以基本排除。

2. 电容器频繁投切产生过电压的危害

由于电容器投切比较频繁，在频繁过电压的作用下，电容器的局部放电不断得到激发而加剧，其结果必然对绝缘介质的老化和电容量的衰减起促进作用，一般认为电压升高109%，电容器寿命降低一半。

《标称电压1000V及以下交流电力系统用自愈式并联电容器　第1部分：总则　性能、试验和定额　安全要求　安装和运行导则》（GB/T 12747.1—2017）中规定，电容器操作每年不超过5000次；原因是投入电容器所产生的过电压虽然是瞬间的，但由于过电压对绝缘介质的积累效应，会加速绝缘介质的老化，逐步发展到电击穿甚至爆炸。但根据该电容器投运时间不长、操作次数不多且过电压测试数据显示未出现较重过电压的事实，可以排除此原因。

3. 高次谐波的危害

谐波会导致系统运行电流、电压正弦波形畸变，加速绝缘介质老化，降低设备使用寿命或因长期过热而损坏，特别是当高次谐波发生谐振时，最易使电容器过负荷、过热、振动甚至损坏。检查系统电压质量测试数据，发现谐波分量较低，未出现较严重的3次、5次及以上谐波分量，同时邀请相关检测单位测试电容器投运涌流倍数最大为9倍的额定电流，因而此原因也不成立。

4. 设计不合理、选型不当

由于电容器过电压能力较低，且一般情况下都带有串联电抗器，串联电抗器和电容器的电压相位相反，母线电压和电容器电压及电抗器电压的关系为$U_N=U_C-U_L$，即$U_C=U_N+U_L$，可见电抗器起到了高电容器相间电压的作用，抬高电压的数值取决于电抗率的大小。此案例中，母线电压为10kV，电容器的额定电压为10.5/3kV，串联电抗率为12%，实际运行中长期加在电容器相间的电压为12.3kV；可见，电容器额定电压选择较低是造成电容器频繁损坏的主要原因。同时，由于系统中谐波含量较少，但设计时选用12%电抗率的串联电抗器，因此电抗器的电抗率选择也不合适。

（三）案例总结

根据原因分析，一种处理方案是将原电容器更换为额定电压 1153kV 的电容器，第二种方案是根据系统实际谐波分量较小的实测结果，将电抗器更换为 16%电抗率的电抗器。最后考虑经济性，选择第二种方案，更换电抗器后，电容器运行恢复正常。

（1）加强变电站无功补偿装置的设计和选型。一是避免电抗器电抗率选择不当，二是根据所配电抗器电抗率的大小正确选择电容器额定电压，防止电容器额定电压选择较低造成运行中电容器频繁损坏事故。

（2）减少投切次数。采取电容器组循环投切，同时延长自动补偿装置控制器的延时时间间隔，从而减少投切次数，使得每组电容器操作每年不超过 5000 次。

（3）加强对电网高次谐波成分的管理。采取加装串联电抗器或滤波装置的办法对谐波加以抑制，提高电网供电质量。

## 第六节 理论知识试题

**一、电力电容器的作用是什么？**

电力电容器按接线方式不同可分为电压补偿（串联补偿）和无功补偿（并联补偿），前者从补偿电抗角度改善电网电压，后者从补偿无功因数角度改善电网电压，由此可起到以下作用：

（1）减少线路能量损耗。

（2）减少线路压降，改善电压质量，提高系统稳定性。

（3）提高供电能力。

（4）提高电网及用户的功率因数。

**二、并联电容器定期维修时，应注意哪些事项？**

（1）维修或处理电容器故障时，应断开电容器的断路器，拉开断路器两侧的隔离开关，并对并联电容器组完全放电且接地后，才允许进行工作。

（2）检修人员戴绝缘手套，用短接线对电容器两极进行短路后，才可接触设备。

（3）对于额定电压低于电网电压、装在对地绝缘构架上的电容器组停用维修时，其绝缘构架也应接地。

**三、对室内电容器的安装有哪些要求？**

（1）应安装在通风良好，无腐蚀性气体以及没有剧烈振动，无易燃、易爆物品的室内。

（2）应根据电容器容量的大小合理布置，并应考虑安全巡视通道。

（3）电容器室应为耐火材料的建筑，门向外开，要有消防措施。

**四、并联电容器组的接线形式和类型有哪些？**

设置在变电站和配电所中的并联电容器补偿装置一般都分组安装。在配电所主要用以改善功率因数，在变电站主要用以提高电压和补偿变压器无功损耗。前者电容器组可随负荷变化自动投切，后者可随电压波动自行投切。各分组容量一般为数千乏，各分组容量不一定相等，主要以恰当的调节为原则。

并联电容器的接线一般可分为三角形和星形（包括双星形或双三角形）。三角形接线的优点是不受三相电容器容抗不平衡的影响，可补偿不平衡负荷，可形成 $3n$ 次谐波通道，对消除 $3n$ 次谐波有利；缺点是当电容器等发生短路故障时，短路电流大，可选用的继电保护方式少。故一般只选用可补偿不平衡负荷时的 $3n$ 次交流滤波器和用于 6kV 及以下的小容量并联电容器组。

星形接线的优点是设备故障时短路电流较小，继电保护构成也方便，而且设备布置清晰；缺点是对 $3n$ 次谐波没有通路，故广泛用于 6kV 及以上并联电容器组。特别应注意的是，星形接线的中性点不能接地，以免单相接地时对通信线路构成干扰。

**五、电容器由哪几部分组成？**

电容器主要由箱壳和器身组成，其中充满液体介质作为浸渍剂。电容器对外是一个封闭的箱体。电容器有内放电电阻或没有，有内部熔丝或没有，均可从标牌上查出。

（1）电容器元件以膜纸复合或全膜作为介质，以铝箔作为极板卷绕而成。

（2）器身。器身由一个或多个芯子组成。芯子由若干元件和其他零部件叠压而成。元件可接成不同的电气连接，以适应不同的电压和容量。

（3）箱壳。箱壳由薄钢板或不锈钢板密封焊接而成。箱壳通过变形对其内部液体介质体积随温度的变化进行补偿。正常的油补偿，外壳两侧厚度的增加应不超过电容器厚度 15%。箱盖上有出线套管。箱壳两侧焊有吊攀，供搬运和安装使用。

（4）液体介质。电容器的液体介质可以是二芳基乙烷、苄基甲苯、苯基乙苯基乙烷或其他液体介质。

电容器中的液体介质是无毒的或毒性甚微，对人体无害，但有一定的气味，会对环境造成一定的影响。用户对漏油产品应妥善处理，可与生产厂家联系；损坏、破裂的电容器不要随便丢弃，可采用焚烧等办法处理。

**六、为什么电容器组所用的断路器不准加装重合闸？**

电容器组因故跳闸后，由于跳闸后的电容器组带有剩余电荷，再次合闸将形成叠加电压，出现 2 倍以上的电压峰值，电容器将产生过电压；同时会出现很大的冲击电流，轻者出现熔丝熔断、断路器跳闸等难以判断故障的现象；重者则会造成介质击穿，电容器损坏。

**七、电容器中串联电抗器的优缺点有哪些？**

优点：

（1）限制合闸励磁涌流。

（2）抑制谐波放大和限制谐波对电容器的危害。

（3）改善电网电压波形。

运行实践表明：如串联电抗器的主要用途是限制合闸励磁涌流，应选择 0.2%～2% 容抗值的电抗器；如是为抑制高次谐波，应选择 6%容抗值的电抗器。电抗器若串联在电容器组的电源侧，其抑制谐波的效果会更好。

缺点：

（1）电容器投切时产生过电压。在并联电容器组的回路串联的电抗器，特别是线性电抗器，或是品质因数较高的电抗器，在断路器投切电容器时都会产生过电压；断路器在合闸时的弹跳和分闸时的重燃，均会增加过电压产生的概率和倍数。因此，投切电容器的断路器宜选择高性能、无涌流、不发生重燃的断路器，以避免操作时产生过电压。

（2）电容器端电压升高。当串联电抗器在电容器电源侧时，在运行中将造成电容器端电压高于母线电压，电容器端电压由下式确定：

$$U_C = \frac{U_s}{\sqrt{3}S} \times \frac{1}{1-K} \tag{8-1}$$

式中：$U_C$ 为电容器端子运行电压（kV）；$U_s$ 为并联电容器装置的母线电压（kV）；$S$ 为电容器组每相的串联段数（串联段指在单台或多台电容器连接组合中，相互并联的单台电容器的组合体）；$K$ 为电抗器的额定电抗对配套并联电容器组电抗的百分比值。

当电抗器 $X_L$ 相对于比电容器 $X_C$ 较大时，则电容器端电压出现升高；若 $X_L$ 相对于比 $X_C$ 更大时，电容器端电压升高也越大。如 $X_L=6\%X_C$ 时，电容器端电压升高 6.4%；若 $X_L=13\%X_C$，电容器端电压升高为 11.5%。

此外，对中性点不接地的星形接线的电容器组，因三相实际电容量不可能完全平衡，导致部分电容器端电压升高明显。这种三相电容量不平衡程度，在串联电抗器后变得更为严重，从而造成电容器端电压升高值大于三相电容器平衡时的升高值。电容器端电压升高必将危及安全运行，影响使用寿命，甚至发生鼓肚、爆炸等事故。为此，在电容器回路串联电抗器还应考虑三相电容器的平衡情况，以免产生更大的端电压升高。

第九章

# 继　电　保　护

## 第一节　110kV 主变保护及其校验

### 一、110kV 主变保护简介

（一）保护分类

110kV 主变保护配有主保护和后备保护，包括主变本体保护、差动保护、高后备保护和低后备保护。以下重点介绍主变本体保护和主变差动保护。

1. 主变本体保护

本体保护反应变压器内部故障：由于故障点电流和电弧的作用，使得变压器油受热分解而产生气体，它们从油箱内向上流向储油柜；当故障较轻时，产生少量的气体，气体沿着管道上升，使气体继电器内的油面下降，下降到动作值时，轻瓦斯动作；当发生严重的故障时，将产生大量气体，变压器内部压力升高，迫使变压器油从油箱向储油柜快速流动，气体继电器感受到油速达到动作门槛值时，重瓦斯动作。

2. 主变差动保护

主变差动保护是通过比较变压器各侧电流的相位和数值大小来判断变压器是否发生了内部故障。当主变外部发生故障时，流过主变的电流很大，形成很大的不平衡电流，所以一般都会采用带比率制动的差动保护来消除区外故障对主变差动的影响。采用差动保护时，当冲击空载变压器时，高压侧会产生很大的励磁涌流，低压侧无电流，就会导致差动保护误动；而励磁涌流中含有很大的二次谐波，所以一般在差动保护中加入二次谐波制动的功能，来避免主变冲击时差动保护误动。而此时会产生另外一个问题：当主变内部产生故障时，故障电流很大会导致电流互感器饱和，电流互感器二次电流中会含有大量的二次谐波，二次谐波制动就会闭锁差动保护，使其不动作；为此，通常加入主变差动电流速断保护，当二次电流大于差动电流速断保护定值时，保护就会动作。

（二）变压器接线及保护校正

电力系统中变压器的接线组别有很多种，现典型的 110kV 变电站大多是采用 Yd11 接线方式。这种接线方式会导致低压（10kV）侧的相电压超前高压（110kV）侧 30°，此时会因为高、低压侧的相位差而产生差流，导致差动保护动作；所以需要采取措施消除高、低压侧电流的相位差，通常有外转角和内转角两种方式。

1. 外转角

外转角是采用改变电流互感器二次侧的接线方式来改变电流的相位，高压侧电流互感器二次侧采用三角形接线，而低压侧电流互感器二次侧采用星形接线。此方法在较老的变电站中广泛应用，流入差动继电器的电流是经过相位处理的电流。外转角接线方式及其相量图如图 9-1 所示。

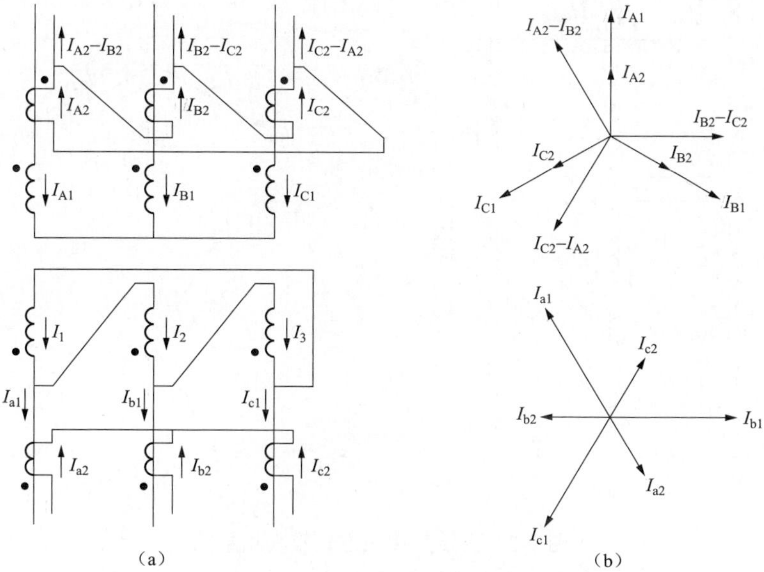


图 9-1　外转角接线方式及其相量图

（a）接线方式；（b）相量图

2. 内转角

随着微机保护的成熟与发展，目前新建的变电站均是采用内转角的方式。内转角高低压侧的电流互感器二次侧均是星形接线，流入微机保护装置的各侧电流是未经过相位处理的带有相位偏差的电流，通过微机保护的内部程序进行相位整定计算为正确的电流。但是其程序计算的原理与计算方式与外转角相同。内转角按照转换方式的不同又分为星形侧向三角形侧转换与三角形侧向星形侧转换两种方式，不同的厂家会选择不同的方式。内转角接线方式及其相量图如图 9-2 所示。

（1）星形侧的二次电流向三角形侧的二次电流进行转换：通过微机保护内部对高压侧的二次电流进行计算，使得相位差得以改变。这种转换方式与外转角方式原理相同，其计算方法如下：

$$
\begin{aligned}
I'_{A2} &= (I_{A2} - I_{B2})/\sqrt{3} \\
I'_{B2} &= (I_{B2} - I_{C2})/\sqrt{3} \\
I'_{C2} &= (I_{C2} - I_{A2})/\sqrt{3}
\end{aligned}
\tag{9-1}
$$

（2）三角形侧的二次电流向星形侧的二次电流进行转换：通过微机保护内部对低压侧的二次电流进行计算，使得相位差得以改变。这种转换方式的计算方法如下：

$$I'_{a2}=(I_{a2}-I_{c2})/\sqrt{3}$$
$$I'_{b2}=(I_{b2}-I_{a2})/\sqrt{3} \quad (9\text{-}2)$$
$$I'_{c2}=(I_{c2}-I_{b2})/\sqrt{3}$$

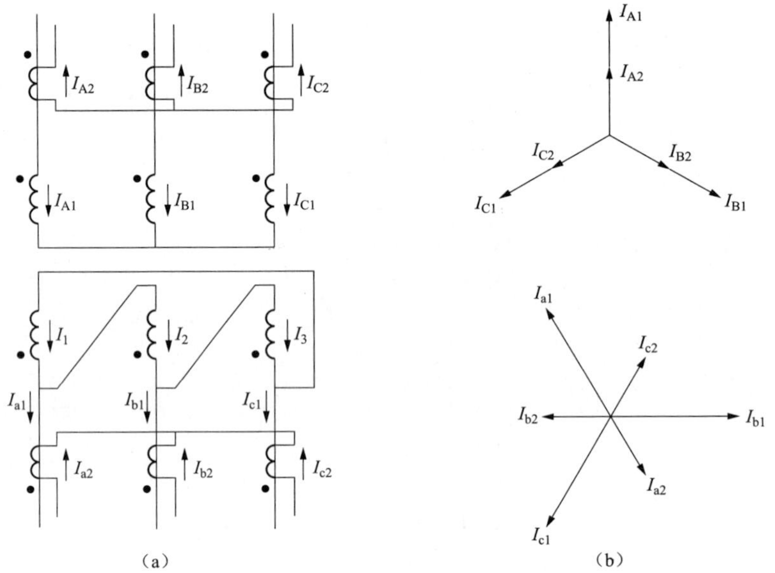


图 9-2　内转角接线方式及其相量图

（a）接线方式；（b）相量图

无论是采用哪种方法，经过软件校正之后，差动回路两侧的电流处于同一直线上，且方向相反。

**二、110kV 主变保护校验**

以某 110kV 变电站为例，其主变容量为 50MVA，差动保护配置北京四方继保自动化股份有限公司（简称“四方股份”）的 CSC-326GD 型保护装置，高后备保护配置四方股份的 CSC-326GH 型保护装置，低后备保护配置四方股份的 CSC-326GL 型保护装置。主变差动保护试验接线如图 9-3。

（一）主变差动保护装置校验

主变高压侧额定电压为 110kV，低压侧额定电压为 10.5kV。差动保护高压侧电流互感器变比为 600/5，低压侧为 2000/5；差动速断保护定值为 19A；差动电流保护启动定值为 0.9A；比率制动斜率为 0.5；二次谐波制动系数为 0.15。

主变二次额定电流的计算式为：

$$I_N=\frac{S}{\sqrt{3}\times U_n\times N} \quad (9\text{-}3)$$

式中：$I_N$ 为主变二次额定电流；$S$ 为主变容量；$U_n$ 为主变高（低）压侧额定电压；$N$ 为高（低）压侧电流互感器变比。

依据式（9-3）可以计算出高、低压侧的额定二次电流分别为：

$$I_{N1}=\frac{50\,000}{\sqrt{3}\times 110\times \frac{600}{5}}=2.187(\text{A})$$

$$I_{N2}=\frac{50\,000}{\sqrt{3}\times 10.5\times \frac{2000}{5}}=6.873(\text{A})$$

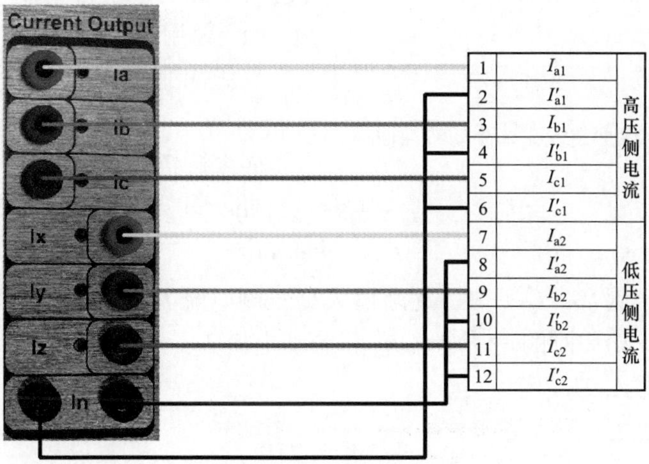


图 9-3 主变差动保护试验接线示意图

1．主变高、低压侧二次电流差动保护平衡校验

使用继电保护校验仪测量，注意电流接线要正确。

（1）三相平衡法。

1）高压侧输入电流：

$$I_A = 2.187\angle 0°$$
$$I_B = 2.187\angle -120°$$
$$I_C = 2.187\angle 120°$$

2）低压侧输入电流：

$$I_a = 6.873\angle -150°$$
$$I_b = 6.873\angle 90°$$
$$I_c = 6.873\angle -30°$$

（2）单相平衡法。

1）高压侧输入电流：

$$I_A = 2.187\times\sqrt{3} = 3.788\angle 0°$$

2）低压侧输入电流：

$$I_a = 6.873\angle 180°$$
$$I_c = 6.873\angle 0°$$

此时检查差动保护装置中各相的差流，三相的差流基本上都接近为 0，则差动平衡校验成功。

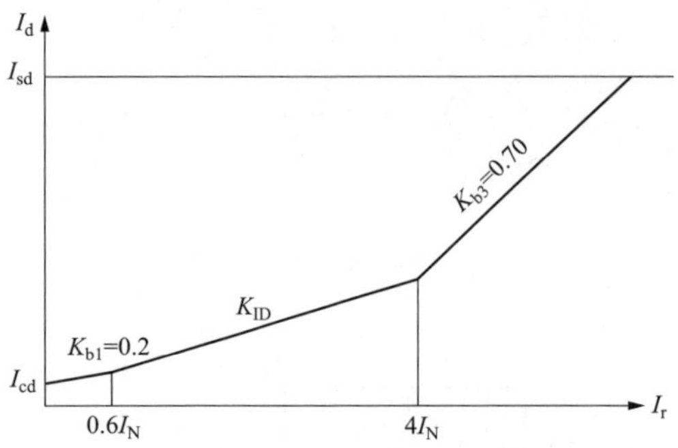


图 9-4　CSC-326GD 保护装置比率制动特性曲线

2. 比率制动保护斜率的校验（$K_{ID}=0.5$）

CSC-326GD 保护装置比率制动特性曲线如图 9-4 所示。

如图 9-4 所示，需要验证斜率 $K_{ID}=0.5$，所以做校验时的取值范围为 $0.6I_N \sim 4I_N$；折线上方为动作区，下方为制动区。

（1）使用单相平衡法，先通入 1 倍的 $I_N$。

高压侧输入电流：

$$I_A = 2.187 \times \sqrt{3} = 3.788\angle 0°$$

低压侧输入电流：

$$I_a = 6.873\angle 180°$$

$$I_c = 6.873\angle 0°$$

然后保持低压侧 $I_a$、$I_c$ 不变，逐渐增大高压侧电流 $I_A$，直到比率差动动作，在保护装置上记录下保护动作时的差动电流 $I_{d1}$ 和制动电流 $I_{r1}$。

（2）第二次通入 $2I_N$。

高压侧输入电流：

$$I_A = 2 \times 2.187 \times \sqrt{3} = 7.576\angle 0°$$

低压侧输入电流：

$$I_a = 2 \times 6.873 = 13.746\angle 180°$$

$$I_c = 2 \times 6.873 = 13.746\angle 0°$$

然后保持低压侧 $I_a$、$I_c$ 不变，逐渐增大高压侧电流 $I_A$，直到比率差动动作，在保护装置上记录下保护动作时的差动电流 $I_{d2}$ 和制动电流 $I_{r2}$。

（3）通过两次的试验数据计算斜率 $K$：

$$K = \frac{I_{d2} - I_{d1}}{I_{r2} - I_{r1}} \tag{9-4}$$

3. 差动保护启动定值校验

由于此保护第一段也是斜线，所以在验证差动保护电流启动值时，需要额外取 1.1 倍才能保证其动作。在高压侧通入单相电流 $I_A = m \times \sqrt{3} \times 1.1 \times 0.9$。当 $m=1.05$ 时，保护动作；当 $m=0.95$ 时，保护不动作。

4. 差动速断保护校验

在验证差动速断保护时，应该将比率差动保护控制字退出，以免比率差动保护动作，影响试验结果。在高压侧通入单相电流 $I_a = m \times \sqrt{3} \times 19$。当 $m=1.05$ 时，保护动作；当 $m=0.95$ 时，保护不动作。

5. 二次谐波制动校验

在高压侧通入单相的电流，电流值应大于 0.9A，保证比率差动保护能动作。取电流值为 5A，并且电流中含有二次谐波，当二次谐波含量为 $0.95 \times 0.15 \times 5 = 0.713$ 时，比率差动保护应该动作；当二次谐波含量为 $1.05 \times 0.15 \times 5 = 0.788$ 时，比率差动保护不动作。

（二）主变高、低后备保护装置校验

主变高、低后备保护都是复合电压闭锁过电流保护，该保护由电流元件与复压元件构成“与”逻辑，复压元件包括低电压元件和负序电压元件；不对称故障时，负序电压元件有很高的灵敏度；对称故障时，欠电压元件有很高的灵敏度。主变后备保护试验接线如图 9-5 所示。

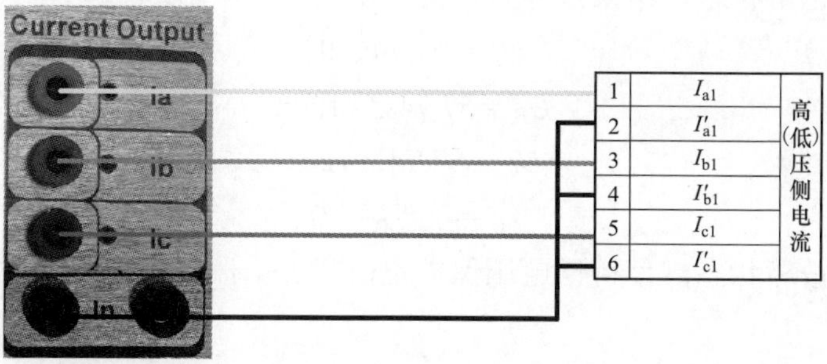


（a）

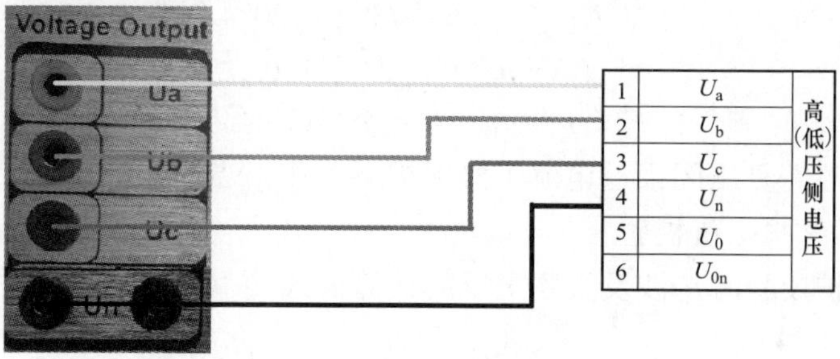


（b）

图 9-5 主变后备保护试验接线示意图

（a）电流接线；（b）电压接线

某变电站高后备保护定值：复压闭锁过电流 I 段保护电流定值为 3.6A，时间为 1.7s；低电压闭锁保护定值为 65V，负序电压定值闭锁保护定值为 6V。

1. 复压闭锁过电流 I 段保护电流定值校验

使用继电保护校验仪的状态序列功能，首先加一个正常状态，结束条件为按键触发：

$$U_A = 57.74\angle 0°$$

$$U_B = 57.74\angle -120°$$

$$U_C = 57.74\angle 120°$$

$$I_A = I_B = I_C = 0$$

然后加一个故障状态，使得低电压保护定值和过电流保护定值同时满足，结束时间为 1.8s：

$$U_A = 20\angle 0°$$

$$U_B = 20\angle -120°$$

$$U_C = 20\angle 120°$$

$$I_A = m \times 3.6$$

$$I_B = I_C = 0$$

当 $m = 1.05$ 时，复压闭锁过电流 I 段保护动作；当 $m = 0.95$ 时，保护不动作。

2. 低电压保护定值校验

首先加一个正常状态，结束条件为按键触发：

$$U_A = 57.74\angle 0°$$

$$U_B = 57.74\angle -120°$$

$$U_C = 57.74\angle 120°$$

$$I_A = I_B = I_C = 0$$

然后加一个故障状态，使得低电压保护定值和过电流保护定值同时满足，结束时间为 1.8s：

$$U_A = m \times 65/\sqrt{3}\ \angle 0°$$

$$U_B = m \times 65/\sqrt{3}\ \angle -120°$$

$$U_C = m \times 65/\sqrt{3}\ \angle 120°$$

$$I_A = I_B = I_C = 5\text{（A）}$$

当 $m = 1.05$ 时，复压闭锁过电流 I 段保护不动作；当 $m = 0.95$ 时，保护动作。

3. 负序电压保护定值校验

负序电压保护校验时，涉及负序电压的计算公式：

$$\begin{cases} U_{A2} = \dfrac{1}{3}(U_A + a^2 U_B + aU_C) \\ U_{B2} = \dfrac{1}{3}(U_B + a^2 U_C + aU_A) \\ U_{C2} = \dfrac{1}{3}(U_C + a^2 U_A + aU_B) \end{cases} \tag{9-5}$$

首先加一个正常状态，结束条件为按键触发：

$$U_A = 57.74\angle 0°$$

$$U_B = 57.74\angle -120°$$

$$U_C = 57.74\angle 120°$$

$$I_A = I_B = I_C = 0$$

然后加一个故障状态，使得负序电压保护定值和过电流保护定值同时满足，结束时间为 1.8s：

$$U_A = 57.74 - m \times 3 \times 6\angle 0°$$

$$U_B = 57.74\angle -120°$$

$$U_C = 57.74\angle 120°$$

$$I_A = I_B = I_C = 5\text{（A）}$$

当 $m = 1.05$ 时，复压闭锁过电流 I 段保护动作；当 $m = 0.95$ 时，保护不动作。

（三）主变非电量保护校验

非电量保护的验证需要爬上主变顶部，找到气体继电器里非电量试验按钮进行操作；按下按钮，非电量保护跳闸出口，跳开主变三侧断路器。非电量保护试验按钮如图 9-6 所示。

图 9-6 非电量保护试验按钮

## 第二节 备自投及其校验

备用电源自动投入装置（简称“备自投”）就是当工作电源因为故障断开后，能够自动投入备用电源，从而保证供电的可靠性的装置。以 CSC-246 装置为例，110kV 备自投设置备线（方式一和方式二）和备桥（方式三和方式四）四种备用方式，10kV 备自投只有备母分开关的两种备用方式（方式三和方式四）。备自投试验接线如图 9-7 所示。

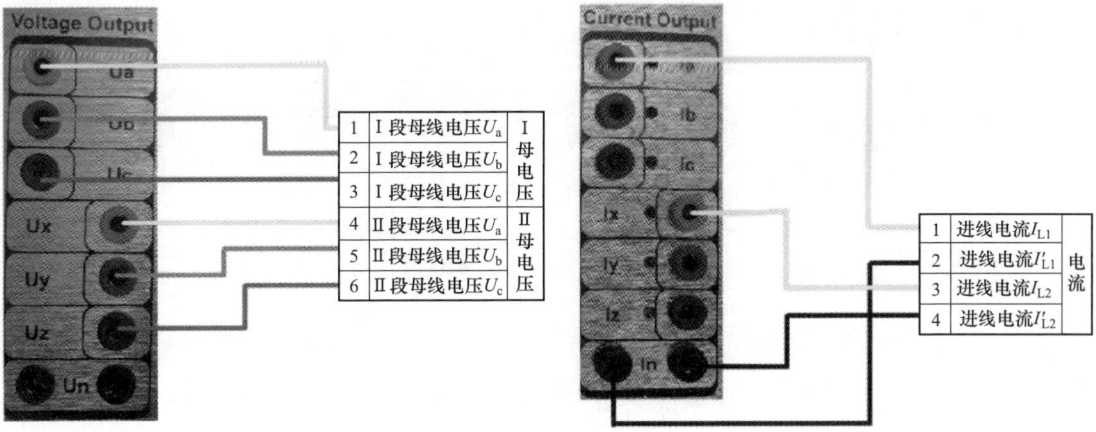


（a）　　（b）

图 9-7 备自投试验接线示意图

（a）电压接线；（b）电流接线

## 一、方式一

方式一接线如图 9-8 所示，1 号进线断路器运行，桥断路器运行，2 号进线断路器热备用；当 1 号进线断路器因为故障被断开，2 号进线断路器自动投入。

（1）充电条件：Ⅰ、Ⅱ段母线三相均有电压，1QF、3QF 在合位，2QF 在分位。

（2）放电条件：2QF 合上；手跳 1QF 或 3QF；其他外部闭锁信号开入；1QF、2QF、3QF 的跳闸位置继电器 KCT（旧符号为 TWJ）异常等。

（3）动作过程：当充电完成后，Ⅰ、Ⅱ段母线三相均无电压，1 号进线无电流，经过整定延时后跳开 1 号进线断路器 1QF，确认断路器跳开后，合桥断路器 2QF。

（4）校验方法：

1）正常状态，结束条件为按键触发，等待备自投充电。

$$U_{A1}=57.74\angle 0°$$
$$U_{B1}=57.74\angle -120°$$
$$U_{C1}=57.74\angle 120°$$
$$U_{A2}=57.74\angle 0°$$
$$U_{B2}=57.74\angle -120°$$
$$U_{C2}=57.74\angle 120°$$

2）故障状态，时间取 10s。

$$U_{A1}=U_{B1}=U_{C1}=0$$
$$U_{A2}=U_{B2}=U_{C2}=0$$

## 二、方式二

方式二接线如图 9-9 所示，2 号进线断路器运行，桥断路器运行，1 号进线断路器热备用；当 2 号进线断路器因为故障被断开，1 号进线断路器自动投入。

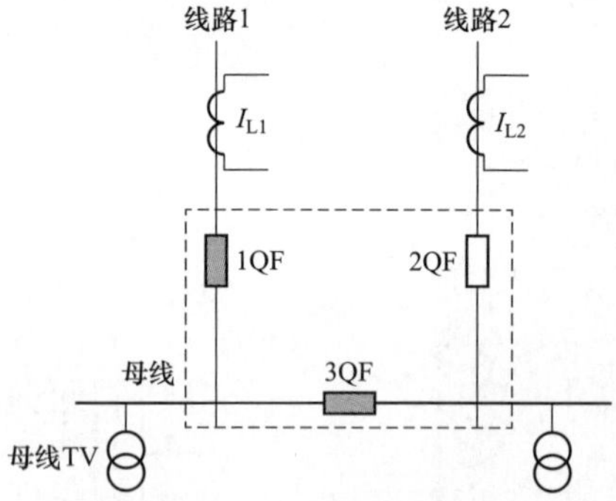


图 9-8　方式一接线示意图

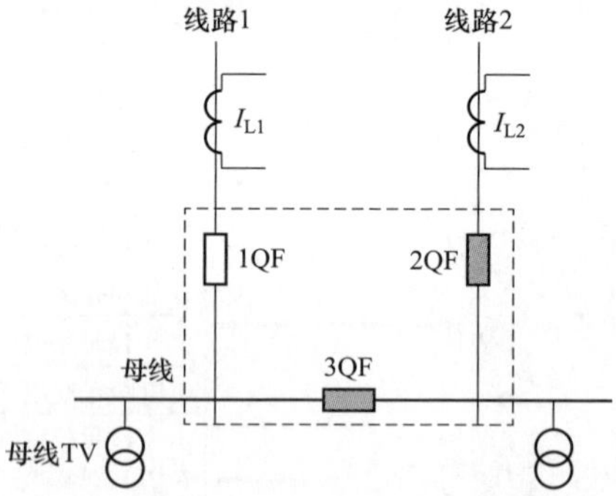


图 9-9　方式二接线示意图

（1）充电条件：Ⅰ、Ⅱ段母线三相均有电压，2QF、3QF 在合位，1QF 在分位。

（2）放电条件：1QF 合上；手跳 2QF 或 3QF；其他外部闭锁信号开入；1QF、2QF、3QF 的跳闸位置继电器异常等。

（3）动作过程：当充电完成后，Ⅰ、Ⅱ段母线三相均无电压，2 号进线无电流，经过整定延时后跳开 2 号进线断路器 2QF，确认断路器跳开后，合桥断路器 1QF。

（4）校验方法：

1）正常状态，结束条件为按键触发，等待备自投充电。

$$U_{A1}=57.74\angle 0°$$
$$U_{B1}=57.74\angle -120°$$
$$U_{C1}=57.74\angle 120°$$
$$U_{A2}=57.74\angle 0°$$
$$U_{B2}=57.74\angle 120°$$
$$U_{C2}=57.74\angle 120°$$

2）故障状态，时间取 10s。

$$U_{A1}=U_{B1}=U_{C1}=0$$
$$U_{A2}=U_{B2}=U_{C2}=0$$

**三、方式三（四）**

方式三（四）接线如图 9-10 所示，1、2 号进线断路器运行，桥断路器热备用；当 1（2）号进线断路器因为故障被断开，2（1）号进线断路器自动投入。

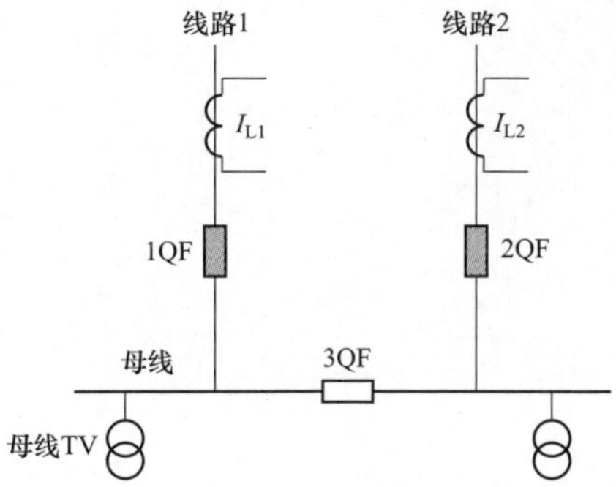


图 9-10　方式三（四）接线示意图

（1）充电条件：Ⅰ、Ⅱ段母线三相均有电压，1QF、2QF 在合位，3QF 在分位。

（2）放电条件：3QF 合上；手跳 1QF 或 2QF；其他外部闭锁信号开入；1QF、2QF、3QF 的跳闸位置继电器异常等。

（3）动作过程：当充电完成后，Ⅰ（Ⅱ）段母线三相无电压，1（2）号进线无电流，经过整定延时后跳开 1（2）号进线断路器 1QF（2QF），确认断路器跳开后，合桥断路器 3QF。

（4）校验方法：

1）正常状态，结束条件为按键触发，等待备自投充电。

$$U_{A1}=57.74\angle 0°$$
$$U_{B1}=57.74\angle -120°$$
$$U_{C1}=57.74\angle 120°$$
$$U_{A2}=57.74\angle 0°$$
$$U_{B2}=57.74\angle -120°$$
$$U_{C2}=57.74\angle 120°$$

2）故障状态，时间取 10s。

$$U_{A1}=U_{B1}=U_{C1}=0$$
$$U_{A2}=57.74\angle 0°$$
$$U_{B2}=57.74\angle -120°$$
$$U_{C2}=57.74\angle 120°$$

以 110kV ××变电站 110kV 备自投为例：有电压保护定值为 70V；无电压保护定值为 30V；有电流保护定值为 0.2A。

**四、有电压保护定值校验（以方式一为例）**

$$U_{A1} = m \times 70/\sqrt{3}\ \angle 0°$$
$$U_{B1} = m \times 70/\sqrt{3}\ \angle -120°$$
$$U_{C1} = m \times 70/\sqrt{3}\ \angle 120°$$
$$U_{A2} = m \times 70/\sqrt{3}\ \angle 0°$$
$$U_{B2} = m \times 70/\sqrt{3}\ \angle -120°$$
$$U_{C2} = m \times 70/\sqrt{3}\ \angle 120°$$

当 $m = 0.95$ 时，备自投无法充电；当 $m = 1.05$ 时，备自投可以充电。

**五、无电压保护定值校验（以方式一为例）**

首先加一个正常状态，结束条件为按键触发，等待备自投充电：

$$U_{A1} = 57.74\angle 0°$$
$$U_{B1} = 57.74\angle -120°$$
$$U_{C1} = 57.74\angle 120°$$
$$U_{A2} = 57.74\angle 0°$$
$$U_{B2} = 57.74\angle -120°$$
$$U_{C2} = 57.74\angle 120°$$

然后加一个故障状态：

$$U_{A1} = m \times 30/\sqrt{3}\ \angle 0°$$
$$U_{B1} = m \times 30/\sqrt{3}\ \angle -120°$$
$$U_{C1} = m \times 30/\sqrt{3}\ \angle 120°$$
$$U_{A2} = m \times 30/\sqrt{3}\ \angle 0°$$
$$U_{B2} = m \times 30/\sqrt{3}\ \angle -120°$$
$$U_{C2} = m \times 30/\sqrt{3}\ \angle 120°$$

当 $m = 0.95$ 时，备自投动作；当 $m = 1.05$ 时，备自投不动作。

**六、有电流保护定值校验（以方式一为例）**

首先加一个正常状态，结束条件为按键触发，等待备自投充电。

$$U_{A1} = 57.74\angle 0°$$
$$U_{B1} = 57.74\angle -120°$$
$$U_{C1} = 57.74\angle 120°$$
$$U_{A2} = 57.74\angle 0°$$
$$U_{B2} = 57.74\angle -120°$$
$$U_{C2} = 57.74\angle 120°$$

然后加一个故障状态：

$$U_{A1} = U_{B1} = U_{C1} = 0$$
$$U_{A2} = U_{B2} = U_{C2} = 0$$

$$I_{A1} = m \times 0.2$$

当 $m = 0.95$ 时，备自投动作；当 $m = 1.05$ 时，备自投不动作。

## 第三节 10kV 线路保护及其校验

### 一、10kV 线路保护简介

（一）10kV 线路的特点

（1）线路多为单侧电源，所以负荷功率、短路功率的流动方向是唯一的。

（2）因线路所处系统多为中性点不接地系统或中性点经消弧线圈接地系统，允许系统单相接地后再继续运行 2h，因此继电保护以反应相间短路的保护为主。

（3）由于电压等级较低，每一条线路在系统中的重要程度不是很高，多采用原理较为简单的电流保护。

（二）10kV 线路保护配置

10kV 线路保护配置的主要功能有三段式过电流保护（无时限电流速断、限时电流速断、定时限过电流保护）、三相一次重合闸、过电流后加速保护和过负荷告警。

1. 无时限电流速断保护

无时限电流速断保护即过电流Ⅰ段保护，反应电流过大而不带时限动作，电流高于整定值时继电器立刻动作，跳开线路断路器。无时限电流速断的整定值要考虑各种不同的运行方式、短路类型以及电流互感器、保护装置误差等情况，其保护区不能伸出本线路范围，所以Ⅰ段保护不能保护本线路全长。

2. 限时电流速断保护

由于Ⅰ段保护不能保护本线路全长，所以增设限时电流速断保护（过电流Ⅱ段保护）来保护本线路全长。因Ⅱ段保护的保护范围必然会伸入相邻线路，为了保证选择性，Ⅱ段保护应该带有一个延时，使其动作慢于Ⅰ段的保护。

过电流Ⅰ段保护与过电流Ⅱ段保护共同构成了线路的主保护，能够快速、有选择地切除被保护设备和线路。

3. 定时限过电流保护

除了主保护，线路还应该配置后备保护，即定时限过电流保护（过电流Ⅲ段保护）。过电流Ⅲ段保护既是本线路保护的近后备保护，又是下线路的远后备保护。

### 二、10kV 线路保护校验

10kV 线路保护试验接线如图 9-11 所示。

以某 10kV 线路为例，保护装置为 CSC-211：过电流Ⅱ段保护定值为 16A，时间为 0.3s；重合闸时间为 2s；过电流加速保护定值为 5.9A，时间为 0.2s；过负荷电流保护定值为 5.1A，时间为 7s；低频减载频率为 48.5Hz，时间为 0.3s。

（一）过电流Ⅱ段带重合闸及后加速校验

使用继电保护校验仪的状态序列功能，断路器小车放在试验位置，断路器合闸。

（1）第一个状态为故障状态，故障电流为 $I_A = I_B = I_C = 1.05 \times 16 = 16.8A$，时间略大

于整定时间，取 0.4s。

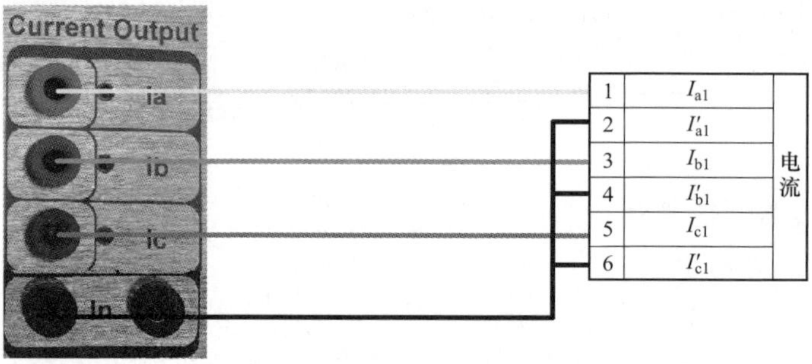


图 9-11　10kV 线路保护试验接线示意图

（2）第二个状态为重合闸状态，模拟断路器跳开，故障被切除，所以无须加电流，时间取 2.1s。

（3）第三个状态为后加速状态，模拟合闸于永久性故障，电流为 $I_A = I_B = I_C = 1.05 \times 5.9 = 6.2\text{A}$，时间取 0.3s。

（二）过负荷告警校验

使用继电保护校验仪通入电流 $I_A = I_B = I_C = 1.05 \times 5.1 = 5.335\text{A}$，直到保护装置报出过负荷告警，退出加量。

## 第四节　10kV 电容器保护校验

10kV 电容器保护配置为三段定时限过电流保护、低电压保护、过电压保护和不平衡电压保护。10kV 电容器保护试验接线如图 9-12 所示。

以某 10kV 电容器为例，过电流Ⅰ段保护定值为 6.2A，时间为 0.2s；低电压保护定值为 60V，为线电压，时间为 0.5s；过电压保护定值为 113V，为线电压，时间为 20s；不平衡电压保护定值为 3V，时间为 0.2s。

### 一、过电流Ⅰ段保护校验

电流取 $I_A = I_B = I_C = 1.05 \times 6.2 = 6.51\text{A}$，时间取 0.3s，保护动作。

### 二、低电压保护校验

低电压保护需要检测曾有电压，所以需要设置两个状态。

（1）第一个状态为有电压状态，时间设置为 2s：

$$U_A = 57.74\angle 0°$$
$$U_B = 57.74\angle -120°$$
$$U_C = 57.74\angle 120°$$

（2）第二个状态为故障状态，时间取 0.6s：

$$U_A = m \times 60/\sqrt{3}\ \angle 0°$$
$$U_B = m \times 60/\sqrt{3}\ \angle -120°$$

$$U_C = m \times 60/\sqrt{3}\ \angle 120°$$

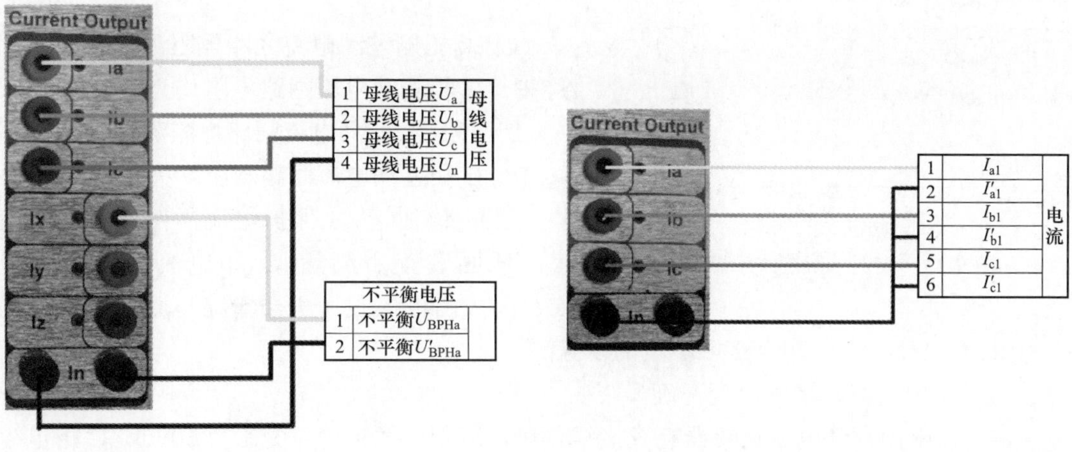


（a）　　　　　　　　（b）

图 9-12　10kV 电容器保护试验接线示意图

（a）电压保护试验接线；（b）电流保护试验接线

$m = 1.05$ 时，保护不动作；$m = 0.95$ 时，保护动作。

### 三、过电压保护校验

$$U_A = m \times 113/\sqrt{3}\ \angle 0°$$

$$U_B = m \times 113/\sqrt{3}\ \angle -120°$$

$$U_C = m \times 113/\sqrt{3}\ \angle 120°$$

时间取 21s，$m = 1.05$ 时，保护动作；$m = 0.95$ 时，保护不动作。

### 四、不平衡电压保护校验

不平衡电压是从电容器放电电压互感器引出的一相电压，需要在保护装置上找到 $U_{Bp}$、$U_{Bpn}$ 的进线，在端子排上加入一相电压，注意将外侧线拆开，避免反送电。

$$U_A = m \times 3$$

时间取 0.3s，$m = 1.05$ 时，保护动作；$m = 0.95$ 时，保护不动作。

## 第五节　继电保护经典案例

### 一、电流插件故障引起主变差动保护动作

（一）故障前运行方式

T1、T2 分列运行，10kV 母联断路器 QF3 处于热备用状态，T1 带 10kV Ⅰ段母线运行，T2 带 10kV Ⅱ段母线运行。案例一次接线如图 9-13 所示。

（二）动作情况

某时刻变电站 T1 差动保护动作，两侧断路器跳闸，C 相差流 1.51A（保护定值为 1.5A），值班员立即合上 QF3 母联断路器，T2 带 10kV Ⅰ、Ⅱ段负荷。

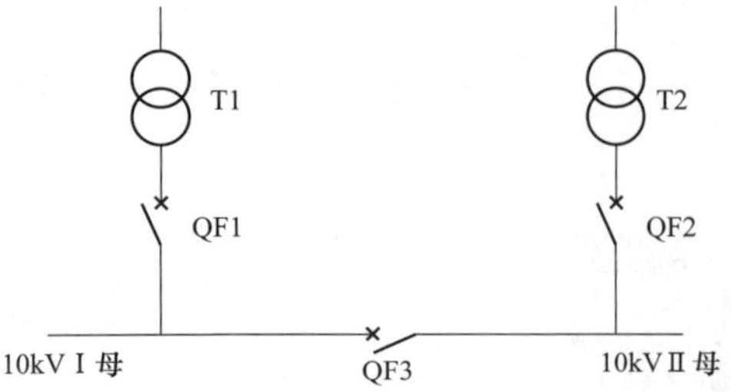

图 9-13　案例一次接线示意图

（三）电流回路及保护检查

（1）回路测量。

1）高压侧差动电流回路电阻测量：高压侧A、B、C相差动电流回路电阻均为0.5Ω。

2）低压侧差动电流回路电阻测量：低压侧A、B、C相差动电流回路电阻均为1.5Ω。

（2）插件检查。保护电流插件外观检查正常，插回装置后测量C相电流回路电阻为2.7Ω，拔出再插回（所插情况与原来相同）测得电阻为1.5Ω，即C相有接触不良的现象。

（3）保护定值、精度检查正确。

（4）高压侧套管电流互感器检查接线正确，组别接线正确，变比为600/5，C相电缆芯对地绝缘为50MΩ，芯对芯绝缘为50MΩ。低压侧电流互感器接线正确，变比为3000/5，组别接线为10P，C相电缆芯对地绝缘为40MΩ，芯对芯绝缘为60MΩ。

（5）电流互感器伏安特性检查。高压侧与低压侧电流互感器伏安特性有一定差别，但三相特性接近，C相没有异常。

（6）带负荷检查（负荷1600A），差流为：$I_{dA}$=0.06A，$I_{dB}$=0.1A，$I_{dC}$=0.04A。但冲击时有“C相越限告警，$I_{dC}$=4A”信号，且每次冲击时C相均有“差流越限告警”信号，最大记录为7.04A。

（四）事故分析

（1）每次T1冲击都有差流越限告警，最大记录为7.02A，而T2没有差流越限告警记录。

（2）拔出电流插件检查再插回后，C相电流回路电阻值与拔之前不同，增加了1.2Ω，存在接触不良现象。从以上现象分析，怀疑保护电流插件存在隐性故障。

（五）整改措施

同厂家检查后，更换保护电流插件，更换后的精度、零漂试验正确。对T1带负荷检查，差流为$I_{dA}$ = 0.0lA、$I_{dB}$ = 0.01A、$I_{dC}$ = 0.01A，电流相位正确。

## 二、馈线保护连接片锈蚀拒动导致主变后备保护越级跳闸

（一）故障前运行方式

T1、T2分列运行，10kV母联断路器QF3处于热备用状态，T1带10kVⅠ段母线运行，T2带10kVⅡ段母线运行，线路F1在运行状态。案例一次接线如图9-14所示。

（二）故障概况

某110kV变电站，馈线F1发生AC相短路故障，F1馈线断路器过电流保护Ⅰ、Ⅱ、Ⅲ段动作，断路器QF5拒动。T2低后备复压过电流保护动作，越级跳开QF2，导致10kVⅡ段母线失压，损失负荷31.6MW。

（三）事故现场调查

事故发生后，值班人员检查现场发现QF5断路器处于合位。事故处理时，值班人员

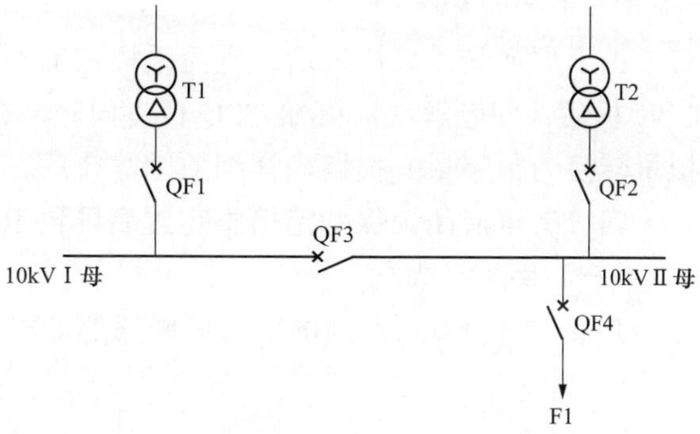


图 9-14 案例一次接线示意图

在集控中心站集控机远方分闸成功，说明手动跳闸回路正常，确定了断路器拒动的故障区域为保护装置内部继电器至跳闸连接片下端出线之间的回路。

（四）现场检查过程

（1）断路器合闸状态，用继电保护校验仪模拟短路电流量，使断路器保护动作，装置继电器动作，但断路器未能传动，从而重现了事件经过。

（2）断路器分闸状态，用继电保护校验仪模拟短路电流量，继电保护人员用万用表对地测量保护跳闸连接片电压，以确认继电器是否有正电开出，发现均有电压。

（3）解开连接片，发现跳闸连接片腐蚀严重且连接片上端子缺少一个内垫片（正常内外均有垫片），可能导致连接片接触不良。

（4）重新恢复连接片投入，断开操作电源，在连接片背部接线头处测量电阻值为无穷大，证实连接片接触不良。再次进行模拟短路试验，断路器跳闸失败。此时判断为保护出口连接片接触不良导致断路器拒动。

（5）对保护出口连接片进行更换并加入连接片上端子内垫片，在连接片背部接线头处测量电阻值接近为 0。进行数次试验，断路器均传动成功。

## 三、CPU（中央处理器）板损坏引起的 10kV 断路器保护装置电流采样异常

（一）故障概况

收到值班员报告缺陷，110kV 变电站某 10kV 断路器保护装置采样异常，现场保护装置保护电流采样中 A 相电流正常，C 相电流偏小（现场为 A、C 两相的电流互感器），测量电流采样正常。

（二）问题处理

（1）申请紧急停电，使用继电保护校验仪加入模拟故障电流（A 相 5A、C 相 5A），使用电流钳表测得 A、C 相回路电流与所加模拟电流一致。

（2）查看保护装置保护电流采样，A 相为 4.96A，C 相为 2.45A；查看保护装置测量电流采样，A 相为 4.991A，C 相为 4.997A。

（3）初步怀疑由于交流采样板问题导致采样不准确，因此更换交流采样板。更换交流采样板后，再次使用继电保护校验仪加入模拟故障电流（A 相 5A、C 相 5A），发现保护装置电流采样值与模拟故障电流不一致，因此更换 CPU 板。更换 CPU 板后，再次使用继电保护校验仪加入模拟故障电流（A 相 5A、C 相 5A），再次查看采样值，发现采样正确。

由于 CPU 板包含很多参数及保护定值，因此更换前需要记录保护装置内部的参数；更换后，应将参数及保护定值设置好，并重新做逻辑试验和传动试验，与值班员核对保护定值。

（三）问题分析

由于更换交流采样板后，电流采样依旧不正确，可判断交流采样板无问题；而更换CPU板后，问题解决，可知CPU板有问题，初步判断为CPU中的小电流互感器（将模拟量转换为数字量）损坏，详细原因需待厂家对板件进行测量分析。

**四、有电流闭锁保护定值整定过高导致10kV备自投误动**

（一）故障前状态

T1、T2分列运行，10kV母联断路器QF3处于热备用状态，T1带10kVⅠ段母线运行，T2带10kVⅡ段母线运行，线路F1在运行状态，站用变在运行状态。案例一次接线如图9-15所示。

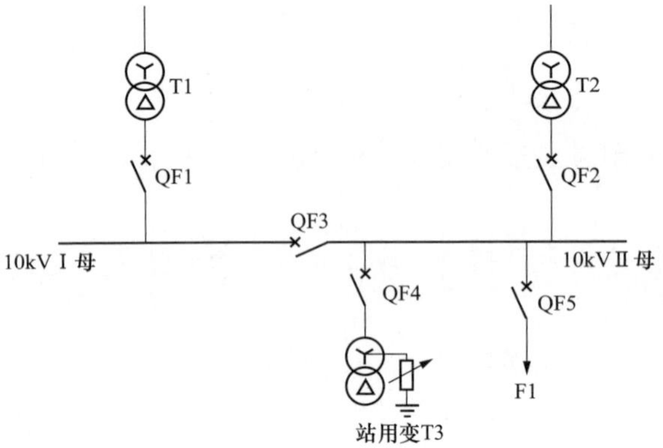


图9-15　案例一次接线示意图

（二）故障概况

某110kV变电站10kVⅡ段电压互感器柜发生母线接地短路故障，造成10kVⅡ段电压互感器失压，电压互感器及其高压柜烧坏。

（三）现场情况分析

（1）在消弧装置动作信息中查到，在7时33分13秒报“母线接地”信号。

（2）在后台机查到，7时44分28秒10kVⅡ段母线失压。

（3）在10kV备自投装置查到，7时46分25秒备自投启动：2992ms序列1出口（跳QF2断路器），6252ms序列2出口（合QF3断路器）。

（4）T2主变后备保护装置无任何动作记录。

（四）动作分析

根据以上报文分析，电压互感器柜在7时33分13秒发生单相接地短路，约10min后引起电压互感器烧毁失压，10kV备自投动作，跳开QF2断路器后合上QF3断路器。

（五）保护定值分析

10kV备自投装置动作原因分析：10kVⅡ段母线接地，引起电压互感器烧毁失压；主变10kV断路器的电流互感器变比为4000/1，10kV备自投有电流闭锁保护定值为0.2A，整定值过大，折算成一次电流为800A，而10kVⅡ段母线线路F1的实际负载电流约为600A；备自投装置没受到有电流条件闭锁，所以在电压互感器失压备自投装置判无电压、无电流，启动备自投，跳开QF2断路器，合上QF3断路器。

（六）反事故措施

根据厂家提供的参考整定值，经确认，将10kV备自投装置有电流闭锁定值由原0.2A整定为0.3A。

# 第六节 理论知识试题

**一、新安装或二次回路经变动的微机变压器差动保护须做哪些工作后方可正式投运？**

新安装或二次回路经变动后的差动保护，应在变压器充电时将差动保护投入运行；带负荷前将差动保护停用；带负荷后测量负载电流相量和继电器的差电压，正确无误后，方可将差动保护正式投入运行。

**二、变压器励磁涌流具有哪些特点？**

（1）包含有很大成分的非周期分量，往往使涌流偏于时间轴的一侧。

（2）包含有大量的高次谐波，并以二次谐波成分为最大。

（3）涌流波形之间存在间断角。

（4）涌流在初始阶段数值很大，以后逐渐衰减。

**三、气体继电器重瓦斯的流速一般整定为多少？而轻瓦斯动作容积整定值又是多少？**

重瓦斯的流速一般整定在0.6～1m/s，对于强迫油循环的变压器整定为1.1～1.4m/s；轻瓦斯的动作容积，可根据变压器的容量大小整定在200～300$mm^3$范围内。

**四、变压器差动保护不平衡电流是怎样产生的？**

（1）变压器正常运行时的励磁电流。

（2）由于变压器各侧电流互感器型号不同而引起的不平衡电流。

（3）由于实际的电流互感器变比和计算变比不同引起的不平衡电流。

（4）由于变压器改变调压分接头引起的不平衡电流。

**五、瓦斯保护的保护范围是什么？**

（1）变压器内部的多相短路。

（2）匝间短路，绕组与铁心或与外壳间的短路。

（3）铁心故障。

（4）油面下降或漏油。

（5）分接开关接触不良或导线焊接不良。

**六、在Yd接线的变压器选用二次谐波制动原理的差动保护，当空载投入时，由于一次采用了相电流差进行转角，某一相的二次谐波可能很小，为防止误动，目前一般采取什么措施？该措施有什么缺点？如果不用二次谐波制动，则可用什么原理的差动继电器以克服上述缺点？**

三相二次谐波制动的差动继电器是采用三相“或”门二次谐波闭锁方式，当三相涌流的任一相的谐波制动元件动作，立即闭锁三相差动继电器，这样可以防止某一相涌流二次谐波量小引起的误动，更好地躲避励磁涌流。但其缺点是：在带有短路故障的变压器空载合闸时，差动保护因非故障相的励磁涌流而闭锁，造成变压器故障的延缓切除；特别是对于大型变压器，涌流衰减慢，将会引起变压器的严重烧损。

为克服二次谐波制动原理差动继电器的缺陷，更正确地区别励磁涌流和故障电流，提出波形对称原理的差动继电器，采用分相制动方式。当变压器合闸时发生故障，故障相保护不受非故障相励磁涌流的影响，从而使保护快速跳闸。

采用一种波形对称算法，将变压器在空载合闸时产生的励磁涌流和故障电流区分开来，方法是将流入继电器的差电流进行微分，然后做波形对称比较和分析。从频域角度分析，波形对称原理差动继电器判据的动作条件为：输入电流中的偶次谐波为制动量，相应基波及奇次谐波为动作量，因而有更好的防涌流能力。

从理论上而言，稳态短路电流只含有奇次谐波，不含偶次谐波。在暂态过程中，短路电流含有非周期性分量，此时就会出现偶次谐波；但由于是分相制动方式，用偶次谐波制动绝不会造成保护拒动，只会延缓保护动作。

**七、对于备自投装置的功能有什么要求？**

（1）备自投装置必须在失去工作电源且备用电源正常时投入。

（2）工作电源或工作设备，无论任何原因造成电压消失（包括由于运行人员的误操作造成的失压），备自投均应动作，使备用电源自动投入工作，保证不间断供电。

（3）工作电源的母线失压时，必须进行工作电源无电流检查，才能启动备自投，以防止电压互感器二次电压断线造成失压，引起备自投误动。

（4）工作电源确实断开后，备用电源才允许投入。工作电源失压后，无论其进线断路器是否断开，即使已经测量其进线电流为零，还是要先断开断路器，并确认该断路器位置确已断开后，才能投入备用电源。

（5）手动断开工作电源时，备自投装置不应该动作。

（6）备自投装置应该具有闭锁功能。

（7）备自投装置只允许动作一次。

**八、电流闭锁电压速断保护相比单一的电流或电压速断保护有什么优点？**

电流闭锁电压速断保护的整定原则是从经常运行方式出发，使电流和电压元件具有相等的灵敏度，因而在经常运行方式下，有足够大的保护区，且在最大或最小运行方式下也不会误动作。它比单一的电流或电压速断保护的保护区大。

**九、重合闸装置何时应停用？**

（1）运行中发现装置异常。

（2）电源联络线路有可能造成非同期合闸。

（3）充电线路或试运行的线路。

（4）经调度主管生产领导批准不宜使用重合闸的线路（如根据稳定要求不允许使用重合闸的）。

（5）线路有带电作业。

**十、为什么距离保护的Ⅰ段保护范围通常选择为被保护线路全长的80%～85%？**

距离保护第Ⅰ段的动作时限为保护装置本身的固有动作时间，为了和相邻的下一线路的距离保护第Ⅰ段有选择性地配合，两者的保护范围不能有重叠的部分。否则，本线路第Ⅰ段的保护范围会延伸到下一线路，造成无选择性动作。再者，保护定值计算用的线路参数有误差，电压互感器和电流互感器的测量也有误差。考虑最不利的情况，这些误差为正值相加。如果第Ⅰ段的保护范围为被保护线路的全长，就不可避免地要延伸到下一线路。此时，若下一线路出口故障，则相邻的两条线路的第Ⅰ段会同时动作，造成无选择性地切断故障。为消除上述弊端，距离保护第Ⅰ段的保护范围通常取被保护线路全长的80%～85%。

**十一、什么是继电保护和安全自动装置？**

当电力系统中的电力元件（如发电机、线路等）或电力系统本身发生了故障或危及其安全运行的事件时，需要一种向运行值班人员及时发出警告信号或者直接向所控制的断路器发出跳闸命令，以终止这些事件发展的一种自动化措施和设备。实现这种自动化措施的成套硬件设备中，用于保护电力元件的，一般称为继电保护装置；用于保护电力系统的，则通称为电力系统安全自动装置。继电保护装置是保证电力元件安全运行的基本装备，任何电力元件不得在无继电保护的状态下运行；电力系统安全自动装置则用以快速恢复电力系统的完整性，防止发生和中止已开始发生的足以引起电力系统长期大面积停电的重大系统事故，如失去电力系统稳定、频率崩溃或电压崩溃等。

**十二、继电保护在电力系统中的任务是什么？对继电保护有哪些要求？**

继电保护的基本任务是：

（1）当电力系统元件发生故障时，该元件的继电保护装置迅速准确地给距离故障元件最近的断路器发出跳闸命令，使故障元件及时从电力系统中断开，最大限度地减少对电力元件本身的损坏，降低对电力系统安全供电的影响，并满足电力系统的某些特定要求（如保持电力系统的暂态稳定性等）。

（2）反应电气设备的不正常工作情况，并根据不正常工作情况和设备运行维护条件的不同（例如有无经常值班人员）发出信号，以便值班人员进行处理，或由装置自动地进行调整，或将继续运行会引起事故的电气设备予以切除。反应不正常工作情况的继电保护装置容许带一定的延时动作。

对继电保护的基本要求是：选择性；快速性；灵敏性；可靠性。

**十三、变压器故障和异常运行的类型有哪些？**

变压器故障分为内部故障和外部故障。变压器的内部故障可分为油箱内和油箱外故障两种。油箱内的故障包括绕组的相间短路、接地短路、匝间短路以及铁心的烧损等。对变压器来讲，这些故障都是十分危险的。因为油箱内部故障时产生的电弧将引起绝缘物质的剧烈气化，从而可能引起爆炸，因此这些故障应该尽快切除。油箱外的故障，主要是套管和引出线上发生的短路。此外，还有由于变压器外部相间短路引起的过电流，以及由于变压器外部接地短路引起的过电流及中性点过电压，变压器突然甩负荷或空载长线路时变压器的过励磁等。变压器的异常运行状态主要有过负荷和油面降低以及油位过高等。

**十四、试述变压器瓦斯保护的基本原理？为什么差动保护不能代替瓦斯保护？**

瓦斯保护是变压器的主要保护，能有效地反应变压器内部故障。变压器的绕组装在油箱里，并利用变压器油作为绝缘和冷却介质。当变压器发生内部故障时，故障电流产生的电弧会使绝缘物和变压器油分解，从而产生大量的气体；由于油箱盖沿气体继电器的方向有 1%～1.5%的升高坡度，连接气体继电器的管道也有 2%～4%的升高坡度，故强烈的油流和气体将通过连接管冲向变压器储油柜的上部。因此，可以利用内部故障时的这一特点构成反应气体增加和油流速度的瓦斯保护。

用于告警的气体继电器由开口杯、干簧触点等组成。用于跳闸的气体继电器由挡板、弹簧、干簧触点等组成。正常运行时，气体继电器充满油，开口杯浸在油内，处于上浮位置，干簧触点断开。当变压器内部故障时，故障点局部发生过热，引起附近的变压器油膨胀，油内溶解的空气被逐出，形成气泡上升，同时油和其他材料在电弧和放电等作用下电离而产生气体。当故障轻微时，排出的气体缓慢地上升而进入气体继电器，使油面下降，以开口杯产生的支点为轴逆时针方向的转动，使干簧触点接通，发出信号。

当变压器内部故障严重时，产生强烈的气体，使变压器内部压力突增，产生很大的油流向储油柜方向冲击；因油流冲击挡板，挡板克服弹簧的阻力，带动磁铁向干簧触点方向移动，使干簧触点接通，作用于跳闸。

瓦斯保护能反应变压器油箱内部的任何故障，包括铁心过热烧伤、油面降低等，但差动保护对此无反应。又如变压器绕组产生少数线圈匝的匝间短路，虽然短路匝内短路电流很大，会造成局部线组严重过热，产生强烈的油流，向储油柜方向冲击，但表现在相电流上并不大，因此，差动保护没有反应，但瓦斯保护对此却能灵敏地加以反应，这就是差动保护不能代瓦斯保护的原因。

**十五、变压器轻瓦斯报警的原因有哪些？**

（1）变压器内部有较轻微故障产生气体。

（2）变压器内部进入空气。

（3）外部发生穿越性短路故障。

（4）变压器绕组断线，使变压器非全相运行。

（5）油位严重降低至气体继电器以下，使气体继电器动作。

（6）直流多点接地、二次回路短路及误发信号。

（7）受强烈振动影响。

（8）气体继电器本身问题。

**十六、变压器轻瓦斯报警后如何检查？**

轻瓦斯动作发信号时，应立即对变压器进行检查，查明动作原因，确认是否因积聚空气、油位降低、二次回路故障或是变压器内部故障造成。

（1）检查是否因变压器漏油引起。

（2）检查变压器油位、绕组温度、声音是否正常。

（3）检查变压器三侧负荷是否正常，特别是电流，并对三相进行比较。

（4）检查气体继电器内有无气体，若存在气体，应取气样进行分析。

（5）检查二次回路有无故障。

（6）检查储油柜、压力释放阀有无喷油、冒油，盘根和塞垫有无凸出变形。

**十七、变压器差动保护动作的原因有哪些？**

（1）变压器及其套管引出线、各侧差动电流互感器以内的一次设备故障。

（2）保护二次回路问题引起保护误动作。

（3）差动电流互感器二次开路或短路。

（4）变压器发生内部故障。

（5）变压器在送电时，由于励磁涌流的原因，使差动保护误动（实际运行中有这样的案例）。

**十八、变压器差动保护动作后如何检查？**

（1）检查变压器各侧断路器是否跳闸。

（2）检查变压器套管有无损伤，有无闪络放电痕迹，变压器本体有无着火、爆炸、喷油、放电痕迹，导线是否有断线、短路、小动物爬入引起短路等情况。

（3）检查差动保护范围内所有一次设备、瓷质部分是否完整，有无闪络放电痕迹。检查变压器及各侧断路器、隔离开关、避雷器、瓷绝缘子等有无接地短路现象，有无异物落在设备上。

（4）检查差动电流互感器本身有无异常，瓷质部分是否完整，有无闪络放电痕迹，回路有无断线接地。

（5）检查差动保护范围外有无短路故障。

（6）检查保护动作情况，做好记录。

（7）检查气体继电器和压力释放阀的动作情况。

（8）检查气体继电器有无气体，压力释放阀是否动作、喷油。

（9）查看故障录波器录波情况。

（10）查看微机保护打印报告。

（11）检查其他运行变压器及各线路的负荷情况。

**十九、变压器差动保护动作跳闸后如何处理？**

（1）立即将情况向调度及有关部门汇报。

（2）检查发现故障明显可见，如发现变压器本身有明显的异常和故障迹象，或差动保护范围内一次设备上有故障现象，应停电检查处理故障，经检修试验合格后方能投运。

（3）未发现明显异常和故障迹象，但瓦斯保护动作，即使只是气体继电器报警信号，属变压器内部故障的可能性极大，应经内部检查并经试验合格后方能投运。

（4）未发现任何明显异常和故障迹象，变压器其他保护未动作，检查保护出口继电器触点是否在打开位置，线圈两端是否无电压。若差动保护范围外有接地、短路故障，可将外部故障隔离后，拉开变压器各侧隔离开关，测量确认变压器绝缘无问题，根据调度命令试送一次，试送成功后检查有无接线错误。

（5）检查变压器及差动保护范围内一次设备，无发生故障的痕迹和异常，变压器瓦斯保护未动作，其他设备和线路无保护动作、信号掉牌。根据调度命令，拉开变压器各侧隔离开关，测量确认变压器绝缘无问题，可试送一次。

（6）变压器跳闸后，应立即停油泵。

（7）应根据调度指令进行有关操作。

（8）现场有明火等特殊情况时，应进行紧急处理。

（9）根据电力安全工作规程做好现场的安全措施。

（10）按要求编写现场事故处理报告。

**二十、变压器气体继电器动作的原因有哪些？**

（1）变压器内部故障。

（2）因二次回路问题引起误动作。

（3）某些情况下，由于储油柜内的胶囊（隔膜）安装不良，造成吸湿器堵塞；油温发生变化后，吸湿器突然冲开，油流冲动使气体继电器误动引起跳闸。

（4）外部发生穿越性短路故障。

（5）变压器附近有较强的振动。

**二十一、变压器重瓦斯保护动作后如何检查？**

变压器气体继电器动作后，值班人员应进行下列检查：

（1）变压器各侧断路器是否跳闸。

（2）油温、油位、油色情况，是否有漏油。

（3）变压器差动保护是否掉牌。

（4）气体继电器动作前，电压、电流有无波动。

（5）储油柜、吸湿器是否破裂，压力释放阀是否动作。

（6）有无其他保护动作信号。

（7）检查保护动作信号及数据记录情况、二次回路情况、直流系统情况。

（8）检查、分析故障录波图数据。

（9）外壳有无鼓起变形，套管有无破损裂纹。

（10）各法兰连接处、导油管等处有无冒油。

（11）气体继电器内有无气体，或收集的气体是否可燃。

（12）气体继电器掉牌能否复归，直流系统是否接地。

（13）检查气体继电器接线盒内有无进水受潮或异物造成端子短路。

（14）查看其他运行变压器及各线路的负荷情况。

（15）检查变压器有无着火、爆炸、喷油、漏油等情况。

（16）检查气体继电器内有无气体积聚。

（17）检查变压器本体及有载分接开关油位情况。

**二十二、变压器重瓦斯保护动作后如何处理？**

（1）应立即将情况向调度及有关部门汇报。

（2）立即投入备用变压器或备用电源，恢复供电，恢复系统之间的并列。若同时分路中有保护动作掉牌时，应先断开该断路器。失压母线上有电容器组（或静补）时，先断开电容器组断路器。

（3）经判定为内部故障，未经内部检查并试验合格，不得重新投入运行，防止扩大事故。

（4）外部检查无任何异常，取气样分析，气体无色、无味、不可燃，气体纯净无杂质，同时变压器其他保护未动作。跳闸前气体继电器报警时，变压器声音、油温、油位、油色无异常，可能属进入空气太多、析出太快，应查明进气的部位并处理。无备用变压器时，根据调度和上级主管领导的命令，试送一次，严密监视运行情况，由检修人员处理密封不良问题。

（5）外部检查无任何故障迹象和异常，变压器其他保护未动作，取气样分析，气体颜色很淡、无味、不可燃，即气体的性质不易鉴别（可疑），无可靠的根据证明属误动作。无备用变压器和备用电源者，根据调度和主管领导命令执行。拉开变压器的各侧隔离开关，遥测绝缘无问题，放出气体后试送一次，若不成功应做内部检查。有备用变压器者，由专业人员取样进行化验，试验合格后方能投运。

（6）外部检查无任何故障迹象和异常，气体继电器内无气体，证明确属误动跳闸：若其他线路上有保护动作信号掉牌，气体继电器动作掉牌信号能复归，属外部有穿越性短路引起的误动跳闸，故障线路隔离后，可以投入运行；若其他线路上无保护动作信号掉牌，气体继电器动作掉牌信号能复归，可能属因振动过大原因误动跳闸，可以投入运行。

（7）经确认是二次触点受潮等引起的误动，故障消除后向上级主管部门汇报，可以试送。

（8）变压器跳闸后，应立即停油泵，并进行油色谱分析。

（9）应根据调度指令进行有关操作。

（10）现场有着火等特殊情况时，应进行紧急处理。

（11）根据电力安全工作规程做好现场的安全措施。

（12）按要求编写现场事故处理报告。

重瓦斯保护动作后，在查明原因并消除故障之前，不得将变压器投入运行。

# 第十章

# 变电站厂站自动化

## 第一节 发展与分类

变电站监控系统经历了电子管时代、晶体管时代和微机时代，第四代变电站监控系统应该是安全、智能的监控系统。目前变电站监控系统正处于微机时代的末期，电子管和晶体管早已淘汰，而第四代变电站监控系统目前只是一个概念，未形成体系。在微机时代，主要包括分类采集变电站监控系统、综合自动化变电站监控系统和智能化变电站监控系统三个小阶段，各阶段之间也出现了一些过渡系统。

### 一、分类采集变电站监控系统

分类采集变电站监控系统产生于微机时代初期，即20世纪80年代，其系统结构较为简单，如图10-1所示。遥信、遥测和控制单元采集信息后，通过其本身CPU进行初步处理，处理完成后发送给RTU/总控，RTU/总控进行深度处理后，传送给主站和后台，以便于实现监视和控制。遥信、遥测、控制单元和RTU/总控之间通过RS485线连接，采用专线、CDT等协议进行信息传输。RTU/总控和后台间可采用串口RS485、RS232、RS422或网络RJ45方式连接，进行信息传输。RTU/总控和主站间的信息传输没有网络方式，只能通过专线，采用IEC 60870-5-101（《远动设备及系统　第5部分：传输协议　第101篇：基本远动任务配套标准》，简称“101协议”）和CDT协议进行传输；要通过数据网104进行传输数据，必须经过协议转换装置。协议转换装置通过串口RS232与RTU/总控建立信息通信，再通过RJ45与站内数据网设备建立通信通道，采用104协议与主站进行信息传输。

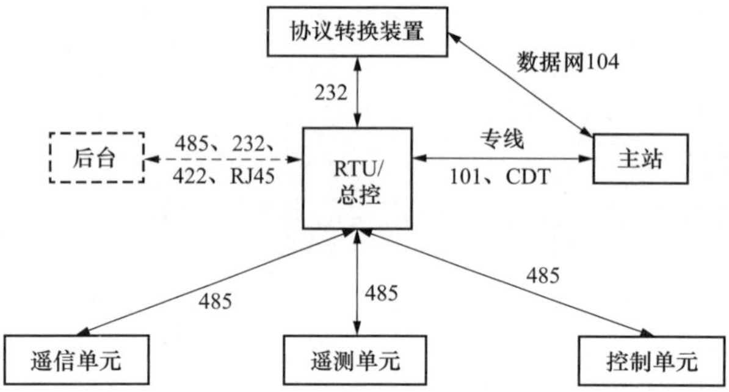


图10-1　分类采集变电站监控系统结构示意图

### 二、综合自动化变电站监控系统

20世纪90年代，由于分类采集自动化系统的安全性、稳定性、扩展性、及时性等方面都存在弊端，为更好地采集、处理和传输信息，推出了综合自动化监控系统。相对于分类采集变电站监控系统，综合自动化监控系统最大的改变就是依照间隔设置测控，最确切的说法应该是依照断路器设置测控，当时没有 3/2、4/3 断路器接线，每个间隔都是一个断路器。每个测控采集本间隔的位置信号，一、二次设备故障信号，遥测信息，保护信息等，同时控制本间隔一、二次设备。

综合自动化监控系统有总控式和分布式两种：总控式是以总控装置为中心，实现现场信息采集并实现控制命令下达；分布式是后台和远动分别独立采集控制，互不影响。

（1）总控式结构变电站是以总控单元为中心。对下总控单元与各测控、保护、保测一体、其他智能设备等装置建立连接，采集变电站所有信息，并转发控制命令；对上总控单元与各主站、后台和“五防”装置建立连接，转发全站信息，并接受控制命令。总控式综合自动化变电站监控系统结构如图 10-2 所示。

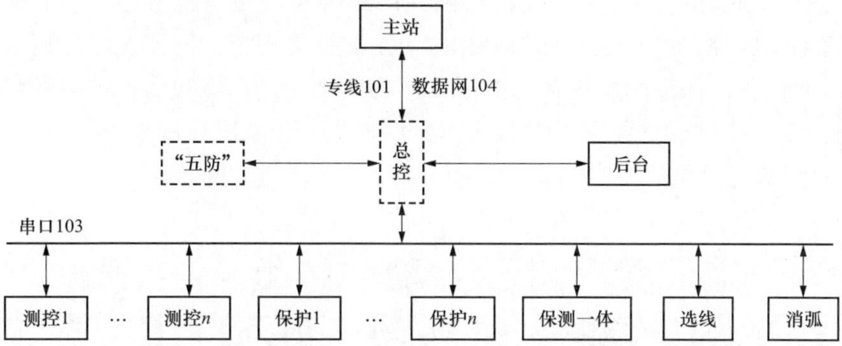


图 10-2　总控式综合自动化变电站监控系统结构示意图

（2）分布式综合自动化监控系统是在总控式的基础上发展起来的，相对于总控式，更加的稳定和可靠。分布式综合自动化监控系统整体上分为站控层、网络层和间隔层三层：间隔层主要由保护单元、测控装置和其他智能设备等组成，负责采集变电站基础数据；网络层即站内自动化系统通信网络，实现站控层和间隔层之间的通信，支持单网或双网；站控层采用分布式系统结构，提供多种组织形式，可以是单机系统，也可以是多机系统。分布式综合自动化变电站监控系统结构如图 10-3 所示。

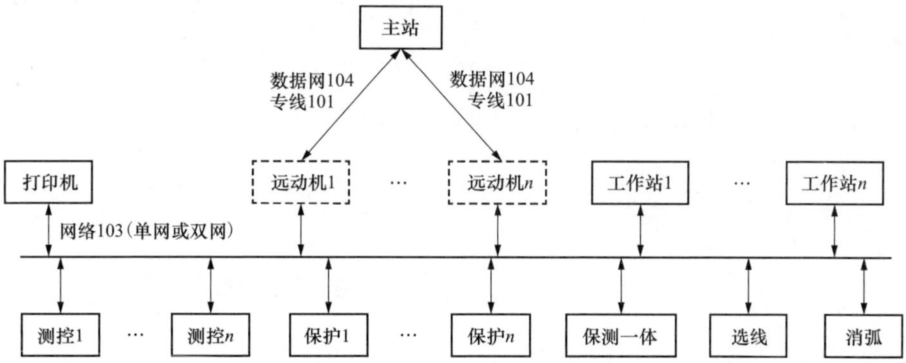


图 10-3　分布式综合自动化变电站监控系统结构示意图

### 三、智能化变电站监控系统

智能化变电站监控系统的结构采用开放式分层分布结构，由“三层两网”构成，智能化变电站监控系统如图 10-4 所示。

（1）“三层”指站控层、间隔层、过程层：站控层俗称上位机，位于变电站主控室内，由一台或多台计算机及其他设备组成，通过计算机网络，实现对全站数据采集、监视、控制以及对设备状态的综合分析管理；继电保护装置、测控装置和自动控制装置等为间隔层设备，实现对该间隔相对应的一次设备的数据采集、保护、控制等功能，并通过计算通信网络和站控层设备交换信息；过程层主要是合并单元、智能终端等一次设备所属的智能组件，是一次设备信息采集及二次设备指令实现的重要环节，是一、二次设备的有机结合。

（2）“两网”指站控层网络、过程层网络：站控层网络，也可称之为间隔层网络，在智能化变电站监控系统中也可称为 MMS（制造报文规范）网，主要作用是连接站控层与间隔层间设备，保证两层设备间的通信，为实现不同厂家设备间的互操性提供了可靠的物理链接；过程层网络是指间隔层与过程层间设备连接的网络，该网络包含了 GOOSE（面向通用对象的变电站事件）网和 SV（采样值）网。

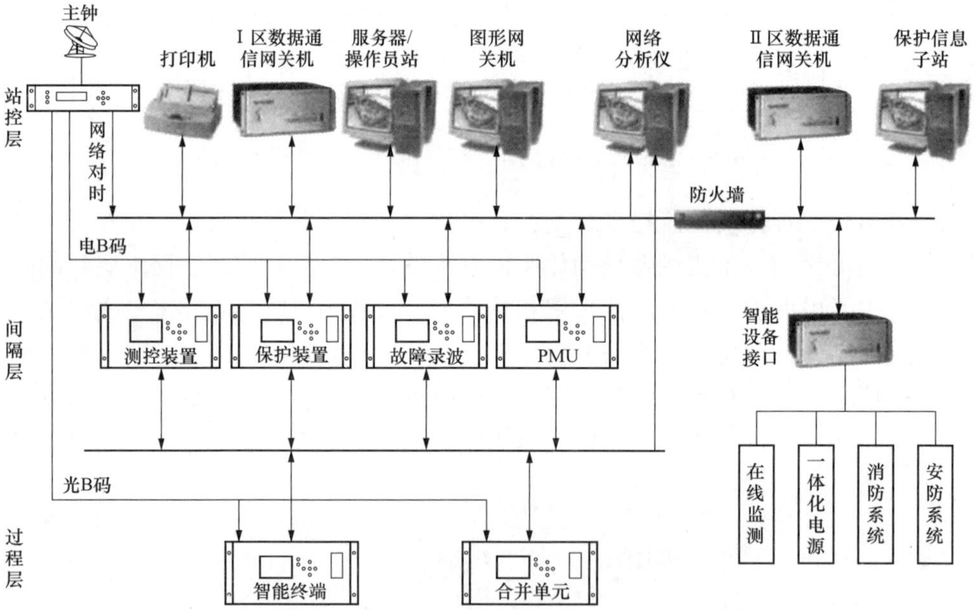


图 10-4　智能化变电站监控系统示意图

## 第二节　厂站端系统的基本功能

目前调度自动化系统中厂站端系统的主要设备有远动终端（RTU）和综合自动化的远传数据处理装置，其主要功能有遥测、遥信、遥控、遥调和通信五大方面。

（1）遥测即远方测量，是将对象参量的近距离测量值传输至远距离的主站来实现远距离测量的技术。在电力系统中，遥测是指将远方厂、站端的有功功率、无功功率、电压、电流、频率等电气参数及主变挡位、温度、热电厂的气压、水电厂的水位等非电气参数远距离传送给调度中心。这些被测参数是随时间连续变化的模拟量，也称遥测量。遥测量应实时地送往调度中心。

（2）遥信即远方状态信号，是指将远方厂、站的设备状态信号远距离传送给调度中心。设备的状态信号包括发电厂、变电站中断路器位置信号、隔离开关位置信号、继电保护动作信号、告警信号以及一些运行状态信号，如厂站设备事故总信号、设备的运行故障信号等。

（3）遥控即远方控制，是从调度中心发出命令以实现对远方设备的操作。这种命令通常只有两种状态指令，例如命令断路器的“合”“分”指令，它可以实现远程控制厂、站内断路器、隔离开关的运行状态、投切补偿电容和电抗器、发电机组的启停、自动装置的投退等。

（4）遥调即远方调整，是调度中心远方调整或设置厂、站设备的各种参数，包括远方直接调整发电厂的有功或无功出力、励磁，以及变压器的挡位调节。遥调对象一般有变压器或补偿器的分接头、机组有功或无功成组调节器等。通过对遥调信息的执行，可以达到增减机组出力和调节系统运行电压的目的。

（5）通信是可与多个调度主站进行数据通信，具备多种通信协议，如 101 协议或其他 CDT、Poling 协议。可与站内各保护测控单元、变电站计算机系统及其他智能化电子设备通信，传递变电站各种运行数据、设备状态及保护动作情况。

## 第三节 主要设备功能和作用

厂站端自动化设备主要包括交换机、RTU、路由器、加密装置和防火墙等。

### 一、交换机

#### （一）功能和作用

作为网络连接设备，交换机主要完成物理编址、网络拓扑结构、错误校验、帧序列以及流量控制等功能。现在推出的交换机还具备 VLAN（虚拟局域网）、链路汇聚和防火墙的功能。交换机除了能够连接同种类型的网络之外，还可以在不同类型的网络（如以太网和快速以太网）之间起到互联作用。一般来说交换机的每个端口都用来连接一个独立的网段，但是有时为了提供更快的接入速度，可以把一些重要的网络计算机直接连接到交换机的端口上。通过这种连接，网络的关键服务器和重要用户就拥有更快的接入速度，支持更大的信息流量。

如果网络中拥有大量的用户、繁忙的应用程序和各式各样的服务器，整个网络的性能可能会非常低。使用交换机可以把网络“分段（虚拟局域网 VLAN）”，通过对照地址表，交换机只允许必要的网络流量通过交换机。通过交换机的过滤和转发，可以有效地隔离广播风暴，减少误包和错包的出现，避免共享冲突。

（二）工作原理

传统交换机位于 OSI 模型的第二层（即链路层），是一种基于介质访问地址（media access address，MAC）识别，能完成封装转发数据包功能的网络设备。计算机借助网卡连接到局域网络，而每块网卡都有全球唯一 MAC 地址，交换机"学习"MAC 地址后会把连接到每个端口的 MAC 地址记住，生成一张端口与 MAC 地址的对应表。

（三）工作过程

（1）当交换机从某个端口接收到一个报文，先读取报文头中的源 MAC 地址，从而建立端口与 MAC 地址的对应关系，并将其添加到地址表。由于交换机能够自动根据接收到帧中的源 MAC 地址更新地址表的内容，所以交换机使用的时间越长，未知的 MAC 地址就越少，广播的报文就越少，报文传送的效率就越高。

（2）读取报文头中的目的 MAC 地址，并在地址表中查找相应的端口。

（3）如果地址表中有与这个目的 MAC 地址对应的端口，则把该报文直接从该端口发送出去。由于不是将该报文发送到所有端口，因此提高了网络传输的效率。

（4）如果地址表中没有这个目的 MAC 地址，即该 MAC 地址是首次出现，则将该报文发送给所有其他端口（源端口除外），相当于该报文是一个广播。拥有该 MAC 地址的网卡在接收到该报文之后将立即做出应答，从而使交换机将该网下的地址添加到"端口号-MAC 地址"对照表中。

## 二、RTU

（一）工作原理

RTU 即远程终端控制系统（远动终端），是一种远端测控单元装置，安装在远程现场，用来监视和测量安装在远程现场的传感器和设备。RTU 将测得的状态或信号转换成可在通信介质上发送的数据格式。它还将从中央计算机发送来的数据转换成命令，实现对设备的功能控制。电网调度自动化系统（SCADA）是由主站 SCADA、EMS 系统、RTU 及远动通道组成。RTU 在电网调度自动化系统中具有重要的作用，设置在变电站的 SCADA 系统的远方终端，是电网监视和控制系统中安装在发电厂或变电站的一种远动装置，它负责采集所在发电厂或变电站电力运行状态的模拟量和状态量，监视并向调度中心传送这些模拟量和状态量，执行调度中心发往所在发电厂或变电站的控制和调度命令，即实现遥测、遥信、遥控、遥调的"四遥"功能。

（二）信息分类

在 RTU 中，信息可以分为上行信息和下行信息两大类。

1. 上行信息

由 RTU 发往调度中心的信息，称为上行信息。上行信息包括遥测量，如有功功率、无功功率、电流、电压、频率等信息，以及模拟量越限（如电流量超越上限、电压量超越下限等）时，RTU 发送到调度中心的相应信息。除此以外，尚需将断路器、隔离开关、继电保护装置的变位情况发往调度中心。

2. 下行信息

调度中心为了改变发电厂和变电站的运行方式，通过调度自动化系统进行频率、有功功率和无功功率的调节，必须下达控制和调节的命令，这种命令是自上而下发出的，故称为下行信息。下行信息包括下述几种。

（1）校时信息：实现整个系统时钟的统一。

（2）查询信息：例如，要求 RTU 无条件地送一遍全部数据，选测某些遥测量，检查某些断路器的运行状态等。

（3）遥控命令：下达的断路器分、合闸命令。

（4）遥调命令：下达频率、有功功率、无功功率、电压的调整命令等。

**三、路由器**

（一）功能

（1）连接网络。具有连接异构网络和远程网络的功能。

（2）隔离广播。路由器的重要作用之一，就是将广播隔离在局域网内（路由器的每个以太网端口均可视为一个局域网），不会将广播包向外转发，以达到分隔广播域、提高传输效率的目的。

（3）路由选择。路由器能够按照预先制定的策略，智能选择到达远程目的地的路由。为了实现这一功能，路由器要按照某种路由通信协议，维护和查找路由表。

（4）网络安全。作为局域网络与外界联络的唯一出口，路由器具有保护内部用户和数据安全的功能。

（二）分类

1. 按性能划分

从路由性能上，路由器可分为低端路由器、中端路由器和高端路由器。

（1）低端路由器（如 Cisco 1800/2800/3800 系列）：主要适用于小型网络的互联网（Internet）接入或企业网络远程接入，端口数量和类型、包处理能力有限。

（2）中端路由器（如 Cisco 7200/7600 系列）：适用于较大规模的网络，拥有较高的包处理能力，具有较丰富的网络接口，适应较为复杂的网络结构。

（3）高端路由器（如 Cisco10000/12000 系列）：主要应用于大型网络的核心路由器，拥有非常高的包处理性能，并且端口密度高、端口类型多，适应复杂的网络环境。

2. 按结构划分

从结构上分，路由器可分为模块化结构与非模块化结构（固定式结构）。通常情况下，中高端路由器均为模块化结构，可以使用各种类型的模块灵活配置路由器；低端路由器则多为非模块化结构，只能提供固定类型和数量的端口。

3. 按网络位置划分

从网络位置划分，路由器可分为核心路由器、汇聚路由器和接入路由器。

4. 按功能划分

从路由器的功能划分，路由器可分为通用路由器与专用路由器。一般所说的路由器为通用路由器。

5. 按网络类型分类

从广义的角度而言，目前的路由器可以分为有线路由器和无线路由器两大类。顾名思义，有线路由器就是借助物理方式建立连接的路由器，无线路由器是借助无形的电磁波实现连接的路由器。

## 四、加密装置

### （一）基本功能

（1）采用标准的加密和验证算法对数据进行加密/解密、签名/验证。

（2）纵向加密认证装置之间支持基于公钥的认证。

（3）支持透明连接，可不占用网络IP地址（internet protocol address，互联网协议地址）资源。

（4）具有基于IP、传输协议、应用端口号的综合报文过滤与访问控制功能。

### （二）硬件结构

加密认证装置的硬件组成包括CPU（CPU类型为PowerPC处理器）、内存、网口、加密卡接口、液晶屏接口等。

### （三）软件结构

加密认证装置的软件组成分为两部分：

（1）配置软件，用来配置管理纵向加密装置；

（2）加密装置内部软件，包括操作系统、加密装置程序等。

### （四）安全机制

（1）采用国家保密局指定的专用加密算法实现加密卡。

（2）专有加密通信协议。

（3）数据包综合过滤技术，支持状态监视。

（4）纵向加密认证装置中使用的非对称密码功能部分，是基于证书的公私钥验证体系，与现在已经投入运行的各个网省电力调度中心的电力调度证书服务系统相配合。证书的格式完全符合X.509证书规范。

（5）纵向加密认证装置通信加密协议包括会话密钥协商和通信加密两个阶段：第一阶段的密钥协商需要完成纵向加密认证装置之间的认证和用于通信加密的会话密钥协商；第二阶段完成加密数据的通信。

（6）电力专用纵向加密认证网关能够实现《电力二次系统安全防护总体方案》中要求的安全防护功能，满足二次系统安全防护要求。

（7）纵向加密认证网关只能被其对应的管理中心管理，具备可管理性。

（8）采用代码可控的安全操作系统，经过裁减内核网络功能的Linux操作系统。

（9）本身应能够一定程度防御常见的网络攻击，包括ARP攻击、ping攻击、ping of death攻击、Smurf攻击、unreachable host攻击、land攻击、teardrop攻击、SYN攻击等。

（10）在对纵向加密认证网关进行管理时，需要“人、机、卡”的三方认证过程。管理人员必须持有可用于管理的智能IC卡（integrated circuit card，集成电路卡），必须持有可登录管理的密码，再进行“人、机、卡”的三方认证才能登录纵向加密认证网关模块，进行有效的管理配置。

（11）纵向加密认证网关在工作时，支持报文的抗重播功能，有效地禁止报文重放。

（12）纵向加密认证网关提供了良好的监视功能，能对设备的状态信息、隧道的信息、基于隧道之上的安全策略信息进行监视。

（13）高可用功能。按照功能规范要求，已经实现了纵向加密认证装置的双机热备和主备自动切换功能。在切换过程中，安全隧道重新进行协商，快速地进行认证和加密传输处理工作，保障通信连续性。通过装置及其相关网络设备的冗余，增强网络接入环节的可靠性。从所保护的子网中的通信机到本地接入路由器之间的路径上，任何环节（包括设备或链路出现故障）加密装置都能正确识别，配合实现路径切换。

（14）纵向加密认证装置对进行的操作和发生的事件均有日志记录，格式完全按照 SYSLOG 规范。日志信息包括时间、事件类型、记录内容。该日志内容可以分别通过不同用户的需求和配置，通过“串口”或者“网口”进行日志信息的发布和相应报警信息的引出。可以导出日志信息，备份到本地硬盘中。

（15）电力纵向加密认证网关/装置有特殊探测报文，类似 ping 功能（检测网络的连通情况和分析网络速度），能够显示出来对方装置的安全模式是安全还是旁路，设备状态是正常还是异常，设备是主还是备。

## 五、防火墙

### （一）技术原理

防火墙是一种重要的网络安全设备，是设置在不同网络或不同安全域之间的一道安全屏障，用于网络或安全域之间的安全访问控制，防火墙如图 10-5 所示。

设置防火墙的目的是保证网络内部数据流的合法性，防止外部非法数据流的侵入，同时管理内部网络用户访问外部网络的权限，并在此前提下将网络中的数据流快速地从一条链路转发到另外的链路上去。

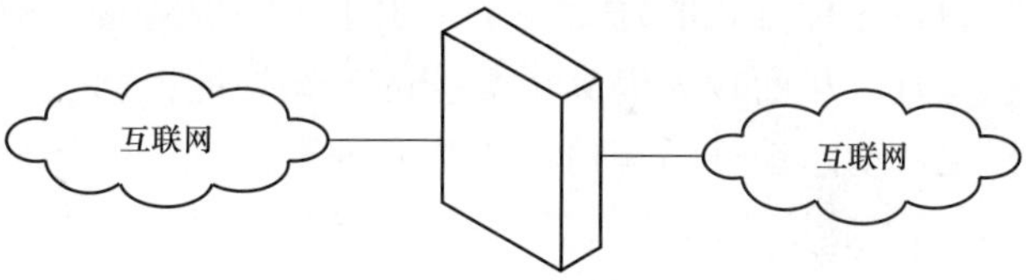


图 10-5　防火墙示意图

防火墙对流经它的数据流进行安全访问控制，只有符合防火墙安全策略的数据才允许通过，不符合安全策略的数据将被拒绝。防火墙可以关闭不使用的端口，禁止特定端口的流出通信或来自特殊站点的访问。

### （二）防火墙的作用

（1）过滤进、出网络的数据流。

（2）管理进、出网络的访问行为。

（3）记录通过防火墙的信息内容和活动。

（4）对网络攻击进行检测和报警。

### （三）安全控制

防火墙通常使用的安全控制技术主要是包过滤和应用代理技术。包过滤技术考虑的是国际标准化组织提出的开放式系统互联通信参考模型（open system interconnection reference model，OSI）的网络层和传输层的数据安全问题，而应用代理技术则是在应用层检查数据包的安全性。

1. 包过滤技术

包过滤技术根据数据包的源地址、目的地址、端口号和协议类型等标志确定是否允许通过，只有符合过滤条件的数据包才被转发，其余不符合条件的数据包则被丢弃。包过滤技术分为简单包过滤和状态检测包过滤两种。

（1）简单包过滤是一种简单、有效的安全控制技术，它根据已经定义的过滤规则检查每个数据包，以便确定该数据包是否与某一条包过滤规则匹配。过滤规则是根据数据包的源IP地址、目的IP地址、源端口、目的端口和协议类型等制订的，分为允许和拒绝两类。采用简单包过滤技术的防火墙对于经过它的数据包进行以下处理：如果没有找到匹配的规则，则丢弃该数据包；如果找到一个匹配的允许规则，则允许该数据包通过；如果找到一个匹配的拒绝规则，则丢弃该数据包。简单包过滤技术的运行速度较快，传输性能高；但由于安全控制只限于源IP地址、目的IP地址、传输协议和目的端口，因此只能进行初级的安全控制，对于恶意的拥塞攻击、内存覆盖攻击或病毒等高层次的攻击手段则无能为力。

（2）状态检测包过滤是比简单包过滤更为有效的安全控制方法。它把进、出网络的数据流看成是多个会话，利用会话表（会话表是记录允许通过的会话的相关信息的状态表）跟踪每一个会话的状态。对于新的会话请求，防火墙检查第一个数据包是否符合预先设置的安全规则，允许符合安全规则的数据包通过并在内存中记录下该数据包的相关信息，作为一个新的会话插入会话表。对于该会话的后续数据包，只要符合会话状态就允许通过。状态检测包过滤检查数据包所处会话的状态，提供了完整的对传输层的控制能力。这种方式的好处在于：由于不需要对每个数据包进行规则检查，而是直接进行状态检查，从而较大提高了数据的传输性能；而且，由于会话表是动态的，因此可以有选择地、动态地开通端口，提高了安全性。

2. 应用代理技术

应用代理技术工作在应用层，在应用层检查数据包的安全性。应用代理通常运行在两个网络之间，彻底隔断了两端的直接通信，所有通信都必须经应用层的代理转发，访问者任何时候都不能与服务器建立直接的连接。应用代理技术是一种透明的代理方式，它可以对网络中任何一层的数据通信进行筛选保护，检测能力强，安全性高，但是处理速度慢，配置起来也比较烦琐。

采用状态检测包过滤的技术，以会话为单位处理网络之间的数据流，并在此基础上实现了混合模式（即数据的二层交换和三层路由功能），能够根据数据包的目的地址进行不同层次的转发。

（四）工作模式

防火墙一般有透明模式、路由模式和混合模式三种工作模式。防火墙的工作模式是通过设置接口的工作模式来实现的：当防火墙工作在透明模式时，需要将接口设置为二层接口；当防火墙工作在路由模式时，需要将接口设置为三层接口；当防火墙工作在混合模式时，则需要将相关接口分别设置为二层接口和三层接口。

1. 透明模式

透明模式如图10-6所示，是指防火墙工作在同一网段中，连接同一IP地址的两个子网，主要用于数据流的二层转发。此时，防火墙的作用就和交换机一样，对于用户来说是透明的。在透明模式下，不需要为防火墙的接口设置 IP 地址。

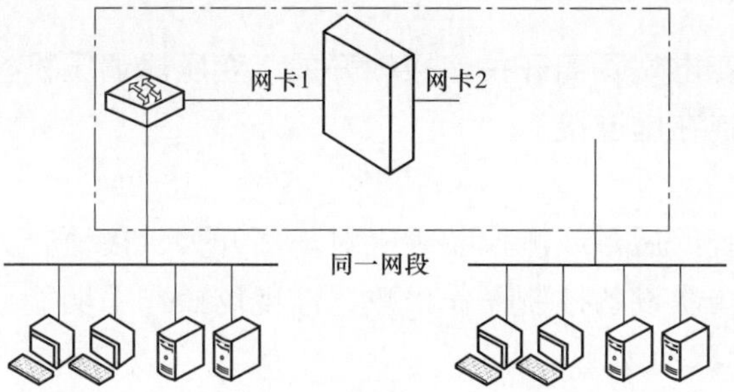


图 10-6　透明模式示意图

2. 路由模式

路由模式如图 10-7 所示，是指防火墙可以让工作在不同网段之间的主机以三层路由的方式进行通信。防火墙处于路由工作模式时，防火墙各接口所连接的网络必须处于不同的网段，需要为防火墙的接口设置 IP 地址。

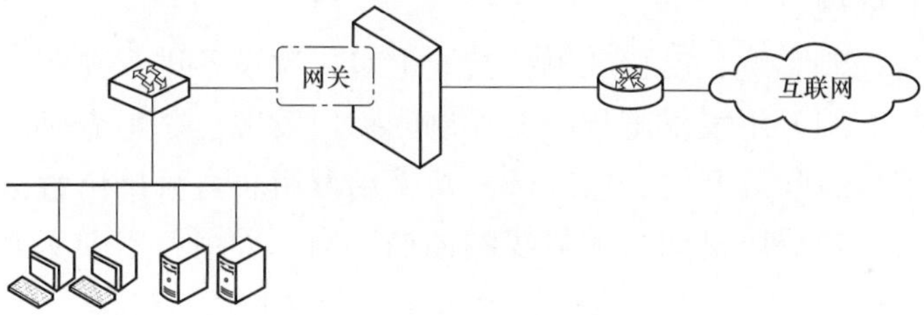


图 10-7　路由模式示意图

3. 混合模式

混合模式如图 10-8 所示，是指防火墙同时工作在透明模式和路由模式两种模式下，能够同时实现数据流的二层转发和三层路由功能。

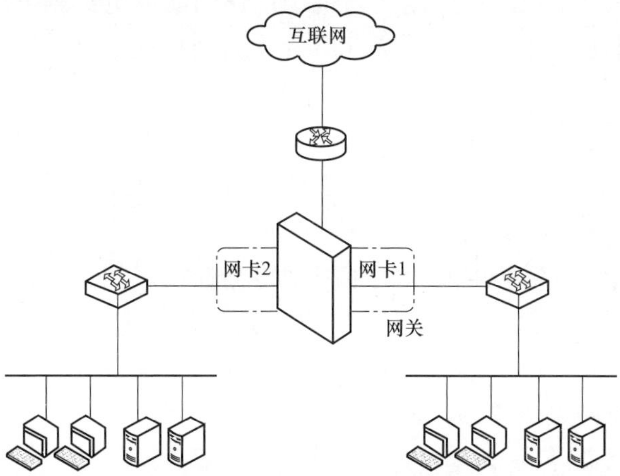


图 10-8　混合模式示意图

# 第四节 典型故障案例

## 一、综合自动化变电站隔离开关、接地开关、变压器调压机构、消弧线圈调挡机构等一次设备控制回路存在虚连接

（一）故障现象

主站调度控制系统、后台或测控装置上对隔离开关、接地开关、变压器调压机构、消弧线圈调挡机构等一次设备控制操作失败，但现场操作手柄能直接正常操作。

（二）故障处理步骤和方法

（1）现场操作手柄能直接正常操作，而测控装置上对一次设备控制操作失败，说明测控装置到一次设备间存在故障。

（2）隔离开关、接地开关使用万用表（调到直流电压挡，不能小于 220V），量测控装置控制公共正端子对地电压为+55V（正常情况），再量测控装置控制公共负端子对地电压，为-55V（正常情况），说明控制电源没有问题。变压器调压机构和消弧线圈调挡机构采用交流 220V，因此采用万用表交流挡去量测控制公共端和升降端，是交流 220V，说明控制电源没有问题。

（3）主站调度控制系统、后台或测控装置上对一次设备进行控制，观察测控装置开出继电器已经动作。用万用表量测相应的控制回路，发现控制指令已下达，万用表有变零情况。对于断路器、隔离开关、接地开关，采用万用表直流挡位量测控制公共正端子与开出端；对于变压器调压机构和消弧线圈调挡机构，采用万用表交流挡位量测控制公共端和升降挡端。

（4）主站调度控制系统、后台或测控装置上对一次设备进行控制，观察到现场操作辅助继电器没有动作，可以判断为现场操作辅助继电器故障或者输入端故障。

（5）检查现场操作辅助继电器，确认无故障，但主站调度控制系统、后台或测控装置上对一次设备进行控制操作仍然失败，实际故障还没有消除。

（6）在现场分线箱控制出口处连接与现场操作辅助继电器等值的警示负荷，比如喇叭或指示灯，再通过主站调度控制系统、后台或测控装置上对一次设备进行控制，发现喇叭或指示灯不正常。

（7）对每个端子连接和电缆进行检查，发现虚连接点，消除故障。

（8）消除故障后，进行主站调度控制系统、后台或测控装置控制试验，发现一次设备已经能正常动作，确定故障已经消除。

## 二、某通信网关机与站控层交换机某路网络存在断路

以 A 网断路为例，通信网关机 A 网与站控层交换机存在断路，B 网正常。

（一）故障现象

此通信网关机 A 网采集中断，B 网正常。

（二）故障处理步骤和方法

（1）用调试笔记本计算机连接站控层 A 网交换机，ping 此通信网关机地址，发现无

法 ping 通，可以确定为 A 网交换机至此通信网关机存在断路。

（2）检查通信网关机上与 A 网站控层交换机接口的参数设置，发现参数设置正确。

（3）对此通信网关机至 A 网交换机间网络连接进行检查，包括三步：①检查通信网关机上网口的连接状况，保证网口正常连接；②检查 A 网交换机网口连接状况，保证网口正常连接；③用网线测试仪测试网线通断情况，网线如存在断路，先处理 RJ45 头，如仍然无法消除断路，可以剪掉 RJ45 头，使用万用表进行网线测试，网线如不存在问题则重做 RJ45 头可消除故障，网线如存在故障则更换网线。

## 三、智能化变电站测控装置至智能终端通信回路存在断路

### （一）故障现象

测控装置无法连接相应的智能终端。

### （二）故障处理步骤和方法

（1）智能终端与测控装置间的通信回路有多种方式，可以是直接网线连接、直接光纤连接或通过交换机连接，交换机可采用 VLAN 方式或定向设置方式组网。先确定连接方式。

（2）检查测控装置、智能终端和交换机的运行状况，保证这些设备都正常运行。

（3）检查测控装置、智能终端和交换机网络连接口，保证网络连接口正常。

（4）检查测控装置和智能终端网络连接口设置，发现设置全部正确。

（5）逐步检查中间连接，如果采用网线连接，用网线测试仪测试网线通断情况，网线如存在断路，先处理 RJ45 头，如仍然无法消除断路，可以剪掉 RJ45 头，使用万用表进行网线测试，网线如不存在问题则重做 RJ45 头可消除故障，网线如存在故障则更换网线。如采用光纤和光缆连接，先检查光纤各连接点的连接状况，然后用光纤测试仪测试各段光通道，找出故障后对故障点进行处理，消除故障。如中间存在交换机，先检查相连接的交换机的运行状况。再通过 ping 方式检查交换机和各网络连接段是否存在故障：拔掉与测控装置连接网线，通过此网口连接调试笔记本（同网段），ping 此智能终端，接上与测控装置连接网线，拔掉与智能终端连接网线，通过此网口连接调试笔记本（同网段），ping 测控装置，全 ping 不通表明交换机内部故障（也有可能调试笔记本存在故障）；有一个 ping 不通，表明这一段存在故障，交换机本身无故障。

（6）进行故障处理、通信恢复，对智能终端采集信息进行部分实验验证；信息验证正确后，故障缺陷处理完成。

## 四、通信管理机至站内数据网交换机通道存在干扰

### （一）故障现象

变电站与调控主站通信，相应的 104 通道误码率较高，可能伴随相应的 104 通道时通时断。

### （二）故障处理步骤和方法

（1）在调控主站监视此站相应的 104 通道报文，发现故障的 104 通道下行报文正常，上行报文误码率较高。

（2）借助通信设备和通信系统，以调控主站为监控点，对故障 104 通道进行多点打

环，包括主站系统内部通信架、通信系统主站、通信系统各连接点、通信系统厂站、变电站通信架等位置，发现所有点打环后，上、下行报文都一致，可以确定调控主站至变电站通信架间没有故障。

（3）其他与调控主站通信的通道没有中断现象，数据都与现场实际相符，表明通信网关机信息采集控制通信回路不存在故障。

（4）检查通信网关机本路 104 通道各类参数设置，没有发现错误。

（5）使用模拟主站，直接与通信网关机 104 通道连接，发现能正常通信，可以判定通信网关机到站内数据网交换机间存在干扰。

（6）针对此路 104 通道，检查从通信网关机至站内数据网交换机回路，包括网口、网线、光电转接盒、同轴电缆、通信架、光纤、光缆等，找出干扰点，进行故障缺陷消除，通道恢复正常。

（7）通道恢复后，进行调控主站本变电站多路通道间、调控主站与变电站间的数据核对，确保本路 104 通道已经恢复正常，故障缺陷已经处理完成。